KB263110

n분의 1의 함정

GLADIATORS, PIRATES AND GAMES OF TRUST

GLADIATORS,
PIRATES AND
GAMES OF TRUST

n분의 1의
함정

합리적이고 전략적인
게임이론의 모든 것

하임 샤피라 지음 | 이재경 옮김

반니

들어가는 글

이 책은 게임이론을 다룬다. 아울러 확률과 통계 분야의 중요한 개념들도 건드린다. 이 세 가지 논리 분야는 우리의 의사결정 방식을 설명하는 과학적 토대를 이룬다. 셋 다 묵직한 주제들이지만 무겁지 않게 풀려고 갖은 애를 썼고, 날카로우면서도 유쾌한 책이 되도록 노력했다. 인생은 배우는 만큼이나 즐기는 데 의의가 있으므로.

이 책에서 우리는—

- 노벨상에 빛나는 천재 수학자 존 F. 내시와 그의 유명한 균형이론과 친해진다.
- 협상의 기술을 위한 기초를 닦는다.
- 죄수의 딜레마를 다각도로 고찰하고 협력의 중요성을 배운다.
- 전략적 사고의 세계 챔피언을 만난다.
- '안정적 결혼' 문제를 검토하고 이 문제의 해결이 노벨상 수상으로

이어진 내막을 들춘다.

- 검투사 코치의 자격요건을 알아본다.

- 경매에 참여하되 '승자의 저주'를 경계한다.

- 통계가 어떻게 뻥을 치는지 살펴본다.

- 확률이 호도하거나 은폐하는 외과 수술의 진실을 밝힌다.

- 치킨 게임과 쿠바 미사일 위기 사이의 관계를 파헤친다.

- 공항을 짓고, 유산을 나눈다.

- 최후통첩을 하고, 신뢰하는 법을 배운다.

- 존 메이너드 케인스의 미인대회에 참가하고, 그것과 주식시장의 연관성을 파악한다.

- 게임이론의 눈으로 본 정의의 의미를 논한다.

- 잭 스패로우 선장을 만나 민주적 해적은 보물을 어떻게 나누는지 알아본다.

- 카지노에서 룰렛 테이블에 임하는 최적의 전략을 탐색한다.

Contents

밥값내기의 딜레마

이번 장에서 우리는 친구들과 비스트로에서 저녁을 먹는다. 거기서 게임이론의 대강을 파악하고, 게임이론이 왜 중요한지를 알아본다. 또 비스트로 사례뿐 아니라 우리 일상생활에서 일어나는 게임이론의 여러 실례를 함께 제공한다.

다음 상황을 상상해보자. 톰이 비스트로에 간다. 참고로 비스트로는 프랑스 요리와 와인을 파는 작은 음식점을 말한다. 톰은 자리 잡고 앉아 메뉴를 살핀다. 그가 환장하는 요리가 눈에 딱 들어온다. 투르느도 로시니Tournedos Rossini. 오페라 작곡가로 이름 높은 19세기 이탈리아 음악가 조아키노 로시니Gioachino Rossini가 즐겨 먹었다고 해서 붙은 이름이다. 버터를 두른 프라이팬에 구운 소고기 필레미뇽filet mignon, 뼈가 없고 두툼한 허리고기을 크루통crouton, 잘게 잘라 바삭하게 튀긴 빵조각 위에 얹고, 푸아그라foie gras, 거위 간로 덮어 검정 송로버섯 조각을 고명처럼 올린 다음, 마데이라 와인을 끓여서 만든 드미글라스demi-glace, 고기 요리용 소스를 끼얹은 요리다. 짧게 말해서 심장외과의들을 부자로 만들어줄 조건을 두루 갖춘 음식이다. 서양 요리에서 진미로 꼽히는 만큼 가격도 엄청나게 세다. 편의상 한 접시에 200달러라고 치자. 이제 톰은 결정을 내려야 한다. 주문하느냐, 마느냐. 몹시 극적으로 들린다. 햄릿의 내적 갈등을 뺨친다. 하지만 사실 아주 어려운 결정축에는 들지 못한다. 톰은 요리가 자신에게 주는 즐거움이, 앞서 말한 가격의 가치가 있는지 없는지만 결정하면 된다. 200달러가 가지는 가치는 사람마다 다르다. 길거리 거지에게 200달러는 거액이다. 하지만 빌 게이츠의 은행계좌에서 200달러는 보이지 않는 먼지에 불과하다. 아무튼 이것은 상대적으로 쉽고 간단한 결정이다. 여기까지는 게임이론Game Theory과 관계가 없다.

왜 이 이야기를 꺼낸 걸까? 이것이 게임이론과 무슨 상관이란 말인가?

이제부터 설명하겠다. 바로 톰이 혼자가 아니었다는 것이 문제다. 톰은 친구 아홉 명과 함께 비스트로에 갔고, 도합 열 명이 한 테이블에 둘러앉았다. 이들은 각자 먹은 대로 내지 않고, 음식 값을 균등하게 나누기로 합의했다. 이른바 'n분의 1' 방식이다. 톰은 주문 순서를 양보하고 배려 있게 기다린다. 친구들은 단출하게 주문한다. 홈 프라이스, 치즈버거, 커피, 탄산음료, 핫 초콜릿 등등. 아무것도 주문하지 않은 친구도 있다. 모두 주문을 마쳤을 때 톰에게 문득 묘안이 떠오른다. 그는 좌중에 폭탄을 투하한다. "나는 투르느도 로시니." 톰의 결정은 매우 간단하고, 경제적으로나 전략적으로나 합리적으로 보인다. 공시가(메뉴 가격)의 10% 조금 넘는 돈만 내고 로시니가 사랑한 맛의 오페라를 경험할 절호의 찬스다.

정말 그럴까? 톰의 결정은 과연 기막힌 결정일까? 그의 생각이 정말로 묘안일까? 다음 순간 친구들에게는 어떤 일이 벌어질까? (수학자라면 이렇게 물을 것이다. 이 게임의 역학은 무엇인가?)

모든 행동에는 반응이 따른다 : 뉴턴의 제3법칙(작용·반작용의 법칙)의 축약판

톰의 친구도 호락호락한 사람들은 아니었다. 톰의 행동은 선전포고나 다름없다. 일동은 웨이터를 다시 부른다. 그리고 그제야 허기를 깨달은 듯 앞다투어 주문을 바꾼다. 특히 고가 요리에 일제히 입맛이 동한다. 홈 프라이스는 순식간에 로부숑 송로버섯 파이로 대체되고, 치즈버거가 취소되고 특대형 스테이크가 등장한다. 톰의 친구들은 걸신들린 미식가로 돌변해 메뉴에서 비싼 요리만 경쟁적으로 골라 주문한다. 이것은 일종의 사건이다. 고가의 와인까지 몇 병씩 동반한 경제적 참사가 벌어진다. 마침내 계산서가 당도하고 금액이 등분된다. 각자가 내야 하는 돈은 무려 410달러(!)다.

톰의 친구들이 이상한 사람들일까? 아니다. 연구결과에 의하면 사람들은 음식 값을 등분하거나 음식이 무료로 제공되는 경우 주문을 더 많이 하는 경향이 있다. 솔직히 놀랍지 않다.

톰은 자신이 끔찍한 실수를 저질렀음을 깨닫는다. 하지만 실수한

'밥값내기의 딜레마'는 다수의 의사결정자가 있을 때
이들의 상호작용이 결과에 미치는 영향을 적나라하게 보여준다.

사람이 톰뿐일까? 톰에게 호구 잡히기 싫어서 너도나도 쓸데없는 객기를 부리는 바람에 모두가 애초 계획에 없었던 요리를 잔뜩 시켰고, 의도했던 것보다 훨씬 많은 돈을 쓰게 됐다. 원치 않은 칼로리 폭탄은 말할 것도 없다.

그럼 다들 소박하게 주문하고 톰이 그들의 돈으로 꿈의 요리를 향유하도록 놔뒀어야 할까? 그건 독자 여러분이 각자 판단할 일이다. 분명한 건 하나 있다. 이 친구들이 함께 외식하는 일은 다시는 없을 것이다.

이 예시는 다수의 의사결정자가 있을 때 이들의 상호작용이 결과에 미치는 영향을 적나라하게 보여준다. 그리고 이것이 바로 게임이론이 다루는 이슈다.

이스라엘 수학자 로버트 아우만Robert Aumann 교수는 게임이론에
관한 선구적 연구로 2005년 노벨 경제학상을 수상했다. 아우만 교수
의 정의에 따라 게임이론을 이렇게 부를 수 있다. '상호적 의사결정의
수학적 형식화.'

제발 책을 덮지 말자. 기겁할 필요 없다! 이 책은 숫자와 공식의 사
용을 배제한다. 훌륭한 책들은 거의 다 그렇게 한다. 나는 이 분야의
골치 아픈 면보다 흥미로운 면을 개진하고 거기서 얻는 통찰과 결론
에만 집중할 것이다.

게임이론은 무엇일까. 게임이론은 다수의 의사결정자(선수)가 있고,
상대의 결정이 나의 결정에 영향을 미치는 상호작용 상황에서, 이들
이 전략적으로 어떤 의사결정을 할지 예측하는 학문이다. 게임이론
은 두 가지를 전제로 한다. 첫째, 각 선수는 자신의 이득 최대화를 목
표로 하는 합리적이고 전략적인 판단을 한다. 둘째, 각 선수는 의사결
정에 있어서 상대의 반응을 고려한다.

게임이론에서 선수란 친구, 원수, 정당, 국가 등 상호작용하는 개체
들을 말한다. 가령, 골키퍼 없는 승부차기나 농구의 자유투는 게임이

론이 성립하지 않는다. 공을 넣으려는 자와 그걸 막으려는 자의 두뇌 싸움(상호작용)이 없기 때문이다. 그런데 선수는 상대 선수들이 무엇을 이득으로 볼지 알 수 없다. 이것이 게임 분석을 어렵게 한다. 남들의 목표만 아리송한 게 아니다. 때로 우리는 자신의 목표가 무엇인지, 무엇이 내게 이득이 될지도 분명히 알지 못한다.

여기서 짚고 넘어갈 것이 있다. 게임의 보상은 금전적 이익만이 아니다. 선수가 게임의 결과로 얻는 만족이 바로 보상이다. 긍정적 결과는 돈, 명예, 고객, 페이스북의 '좋아요,' 자부심 등이고, 부정적 결과는 벌금, 낭비한 시간, 물질적 자산 손실, 깨진 환상 등이다.

게임에 임해 의사결정을 내릴 때, 그 게임의 결과가 남들의 결정 여하에 달려 있을 때, 우리는 대개의 경우 남들도 다 나만큼 똑똑하고 나만큼 이기적이라고 가정해야 한다. 다시 말해서, 내가 투르느도 로시니를 포식하는 동안 남들은 얌전히 탄산음료만 홀짝이다가 돈은 돈대로 나누어 내면서 내 즐거움을 행복하게 바라봐줄 거라는 착각은 하지 않는 것이 좋다.

게임이론은 경제사회 현상과 우리의 실생활에 무수히 적용된다. 비즈니스 협상과 정치 협상, 경매 설계(호가를 계속 올리며 진행하는 영국식 경매와 최고가에서 시작해 점차 가격을 낮추는 네덜란드식 경매 중 선택), 강경 외교의 끝판왕 벼랑끝 전술(대표적 예가 쿠바 미사일 위기, 서방세계에 대한 이슬람 극단주의 테러단체 ISIS의 위협), 기업의 가격 전략(코카콜라는 크리스마스를 앞두고 가격을 올려야 할까, 내려야 할까? 경쟁사 펩시는 어떻게 반응할까?), 관광객과 노점상의 가격 흥정(값을 깎아주는 최적의 속도는 무엇인가? 너무 쉽게 깎아주면 손님에게 물건이 허접하다는 인상을 주게 되고, 너무 버티면 손님의 인내심이 바닥난다), 고래 잡이 규제(포경 국가들은 자국은 아랑곳없이 고래를 잡으면서 다른 나라는 규제 협약을 지키길 바란다. 그러지 않으면 고래가 멸종할 테니까), 보드게임에서 이길 전략 찾기, 협력의 진화 이해하기, (인간과 비인간 동물의) 연애 및 구애 전략, 군사 전략, 인간과 비인간 동물의 행동 진화 등등. (눈치 챈 독자도 있겠지만 내가 진이 빠져서 뒤로 갈수록 예시들이 점점 포괄적으로 퍼졌다.)

빅 퀘스천big question은 이것이다. 게임이론이 정말로 우리가 의사 결정의 질을 높이는 데 기여할 수 있을까? 여기서 의견이 갈린다. 일부 전문가들은 게임이론이 거의 모든 것에 결정적 영향을 미친다고 믿는다. 하지만 게임이론은 그저 보기 좋은 수학놀음에 지나지 않는다고 믿는 전문가들도 만만찮게 많다. 나로 말하자면 진실이 중간 어디쯤에 있을 것으로 믿는다. 물론 딱 중간은 아니겠지만. 아무튼 게임이론은 인간사와 세상사의 다양한 문제들에 여러 통찰을 제공하는 대단히 흥미로운 학문이다.

다른 것도 마찬가지지만 게임이론을 가르치고 배우는 가장 좋은 방법은 예를 드는 것이다. 더 많은 사례를 볼수록 더 많이 이해하게 된다. 이제 시작해보자.

공갈협박범의 역설

> "결코 두려워서 협상하지 맙시다. 그렇다고 협상을 두려워하지도 맙시다."
>
> — 존 F. 케네디John F. Kennedy

이번 장에서는 로버트 아우만이 창안한 게임을 배운다. 이 게임은 협상을 다룬다. 매우 간단한 게임이다. 내용은 간단해도 거기 담긴 통찰은 상당히 심오하다.

공갈협박범의 역설The Blackmailer's Paradox 역시 로버트 아우만이 처음 제시했다. 아우만은 게임이론 분석을 통해 갈등과 협력의 역학을 연구했다. 다음은 내가 쉽게 개작한 공갈협박범의 역설이다.

조Jo와 모Mo가 어두운 방으로 들어선다. 방 안에는 검은 머리에 검은 양복을 입고 검은 타이를 맨 음침한 분위기의 건장한 남자가 두 사람을 기다린다. 남자는 검은 선글라스를 벗고 방 한가운데의 탁자에 서류가방을 올려놓는다. 그는 서류가방을 가리키며 위압적으로 말한다. "여기에 현금 100만 달러가 있소. 잠시 후면 모두 여러분 것이 됩니다. 다만 한 가지 조건이 있어요. 둘이 이 돈을 어떻게 나눌지 합의해야 합니다. 어떻게 나누든 둘이 합의하면 이 돈은 여러분 것이오. 합의에 이르지 못하면 이 돈은 우리 두목이 회수합니다. 나는 자리를 비켜주겠소. 천천히 생각해봐요. 1시간 후에 돌아올 테니."

건장한 남자는 방을 나간다. 존경하는 독자들이여, 여러분이 지금 무슨 생각을 하는지 나는 안다. "뭐가 이리 간단해! 그 정도야 누워서 떡 먹기지. 협상이고 뭐고 할 게 있나. 노벨상 수상자가 뭐 이런 걸로 고민을 해? 내가 문제를 잘못 들은 게 아니라면 이건 세상에서 가장 쉬운 문제야. 조와 모는 그저…."

잠깐만, 독자들이여. 성급한 결론을 내리기 전에 잠시 생각을 좀 해보자. 우리가 기억할 것이 하나 있다. 보기만큼 단순한 건 세상에 별로 없다는 것이다. 두 선수가 할 일이 현금을 이등분해서 각자 집에 가는 것뿐이라면 내가 애초에 이 문제를 책에 쓰지도 않았다.

수상한 남자가 방을 나간 후 벌어진 일은 이렇다.

조는 착하고 양심적인 사람이다. 그리고 세상 사람들이 모두 자기 같은 줄 안다. 조는 희색이 만면해서 기대에 찬 두 손을 비비며 모에게 말한다. "저 사람 뭐죠? 미친 거 아닙니까? 지금 우리한테 50만 달러씩 투척하고 갔어요! 이건 뭐 협상할 것도 없어요. 얼른 이 싱거운 게임을 끝내고 돈을 반씩 나눠 각자 갈 길로 갑시다, 됐죠?"

"그러니까 댁한테는 이 게임이 싱겁군요?" 모가 불길하게 목소리를 깔며 대꾸한다. "나는 엄청 재미있는데? 댁이 반씩 어쩌고 하면서

헛소리 하는 동안 나는 훨씬 합리적인 해법을 생각했어요. 내 제안은 이겁니다. 내가 90만 달러를 가지고, 당신은 남은 10만 달러를 가지는 거죠. 당신이 그만큼이라도 챙길 수 있는 건 내가 오늘따라 너그러운 기분인 덕인 줄 아쇼. 이건 내 최종 제안이오. 동의하든지 말든지 맘대로 해요. 동의하면 댁은 10만 달러를 챙기는 거고, 거부하면 우리 둘 다 빈손으로 이 방을 떠나는 거고. 댁이 알아서 해요. 나야 어느 쪽이든 상관없으니까."

"지금 농담하는 거죠?" 조가 말한다. 그는 슬슬 불안해진다.

"천만에! 내 이름이 모 머니몬스터Mo the Money Monster라는 걸 잊지 말아요. 댁 같은 인간을 찜 쪄 먹는 건 내겐 일도 아니니까. 그리고 내 사전에 농담이란 없소. 그런 앱은 깐 적도 없다고요! 이게 내 최종 제안이오. 협상 끝!"

"대체 나한테 왜 이래요?" 조는 울음이 터지기 일보 직전이다. "이건 정보를 공평하게 공유한 선수 간의 대칭적 게임이에요. 당신이 나보다 한 푼이라도 더 차지할 까닭이 없단 말입니다. 이건 말도 안 되고 전혀 공정하지 않아요."

"이봐, 당신 말이 너무 많아. 머리가 욱신거려 못 들어주겠어." 모가 윗입술을 눈에 띄게 씰룩거리며 눈을 부라린다. "한마디만 더 하면 모처럼 후한 기분을 접고 당신 몫을 5만 달러로 깎아버리겠어. 당신은 이 말만 하면 돼. '좋아요. 그렇게 해요.' 아니면 우리 둘 다 빈손으로 가는 거야."

결국 조가 말한다. "좋아요."

게임 끝.

이토록 간단한 게임에서 어떻게 이런 일이 일어났을까? 조는 대체 무엇을 어디서부터 잘못한 걸까?

내가 유력 경제신문에 이 게임에 관한 글을 발표했을 때 좌우를 막론한 모든 정치 진영에서 분노의 반응이 골고루 빗발쳤다. (내 논문이 균형 잡히고 공정했다는 증거다.) 이 불같은 반응은 독자들이 이것을 단순히 조와 모의 게임으로 보지 않고 현실의 협상을 대변하는 것으로 받아들였기 때문이다.

나의 과거 은사이기도 했던 아우만 교수는 이 이야기가 이스라엘과 아랍권의 갈등과 밀접한 관계가 있다고 여겼다. 다른 한편으로는 인생 전반의 갈등 상황에 대처하는 데 대한 중요한 교훈을 제공한다고 여겼다. 그뿐 아니다. (제1차 세계대전의 마무리용 베르사유 조약을 낳은) 1919년 파리 강화 회의, 1939년의 악명 높은 독일-소련 불가침 조약, 2002년 체첸 테러범들의 모스크바 극장 인질극 그리고 최근의 이란 핵개발 제재 회담에 이르기까지 현실에서 공갈협박범의 역설의 다양한 측면과 버전을 보여주는 사례는 무수히 많다.

아우만은 이스라엘이 이웃 국가들과 협상에 들어갈 때 세 가지를 염두에 두어야 한다고 말했다. 첫째, 아무 합의 없이 회담(게임)이 끝날 수 있다는 (슬픈) 가능성을 각오해야 한다. 둘째, 향후 같은 게임이 되풀이될 수 있다는 점을 참작해야 한다. 셋째, 자신의 레드라인red line. 협상 시 양보와 절충의 한계선-옮긴이에 깊은 믿음을 가지고 그것을 고수해야 한다.

첫 번째와 두 번째 사항을 논해보자. 협상장을 빈손으로 떠나는 것만큼은 피해야 한다는 절실한 입장이 되는 순간 이스라엘은 전략적으로 불리해진다. 판세의 대칭 구조가 깨지기 때문이다. 여차하면 실패도 불사겠다고 작심한 쪽이 엄청나게 유리한 고지에 서게 된다. 또한 조처럼 어떻게든 합의를 해야 한다는 생각에 굴욕적 조건을 받아들이고 뼈아픈 양보를 하면 그 태도가 다음번 협상에도 좋지 않은 영향을 미치게 된다. 다시 만나게 되면 모가 점점 더 끔찍한 협상조건을 들이밀 가능성이 크다.

중요한 건 또 있다. 현실에서는 시간도 관건이다. 이렇게 생각해보자. 모가 조를 협박한다. 조는 시간을 끌면서 불공평한 조건을 바꾸기 위한 협상을 시도한다. 하지만 모는 물러서지 않는다. 조가 다시 시도한다. 시간은 계속 흘러간다. 그러다 문에서 노크소리가 나고 서류가 방 주인이 재등장한다.

"어이, 두 사람. 합의에 도달하셨나?" 남자가 묻는다. "아직이라고? 그럼 돈은 물 건너갔네. 잘 가요." 남자는 방을 나가고 정직한 조와 공갈범 모는 둘 다 빈손으로 남겨진다.

이는 비즈니스 세계에서 비일비재하게 일어나는 상황이다. 솔깃한 기업인수 제안을 받고도 변변히 논의조차 해보지 못하고 협상 테이블에서 밀린 기업이 한둘이 아니다.

이처럼 사용하지 않아도 시간이 흐르면서 가치가 줄어드는 자원이 있다. 이런 자원이 협상 테이블에 올라오면 머리가 아파진다. 이 상황을 막대아이스크림 모델Popsicle Model 이라고 부르자(인터넷 검색할 필요 없다. 인터넷에 없다). 막대아이스크림은 계속 녹아서 나중에는 흔적도 없이 사라진다. 막대만 빼고.

막대아이스크림 모델을 대변하는 현대판 우화가 하나 있다. 갑부 중의 갑부인 사업가가 있었다. 그에게는 그만의 사업 수완이 있었다. 이런 식이었다. 매입하고 싶은 기업에게 접근해 인수 대금을 제안한다. 그러면서 매일매일 액수가 줄어들 거라고 경고한다. 이 사업가가 어느 날 이스라엘과 요르단 정부에 이런 제안을 한다고 가정해보자. "사해死海, Dead Sea, 유출구가 없으므로 사실은 바다가 아니라 호수다. 극도로 높은 염분 농도 때문에 생물이 살지 못해 죽음의 바다로 불렸지만 광물 자원 때문에 지금은 이스라엘에서 생명의 바다로 불린다—옮긴이를 넘기시오. 천억 달러를 주겠소. 다만 금액은 매일 10억 달러씩 줄어듭니다." 만약 두 나라가 복잡한 행정절차나 정치적 불화 때문에 늑장을 부리며 답변을 한없이 미루다가는 나중에는 사해를 넘기는 대가로 오히려 사업가에게 거금을 주어야 하는 사태가 벌어진다. 그러면 사업가는 사해 주인이 되고 동시에 전보다 더 부자가 된다.

공갈협박범 딜레마의 결론을 정리하면 이렇다.

1. 비합리적인 상대에 맞서 합리적으로 싸우는 것은 종종 비합리적이다.

2. 비합리적인 상대에 맞서 비합리적으로 싸우는 것은 종종 합리적이다.

3. 이 게임(그리고 현실세계에서 일어나는 비슷한 상황들)을 숙고해보면, 게임에 임하는 합리적 방법이 무엇인지 분명하게 말하기 어려울 때가 많다. (심지어 '합리적'의 의미가 무엇인지도 확실하지 않다.) 어쨌든 불합리해 보이는 모가 게임에서 이기고 90만 달러를 차지하지 않았는가.

4. 입장을 바꿔 생각하며 상대의 행동을 예측하는 노력이 필요하다. 하지만 노력한다고 되는 것은 아니다. 당신과 상대는 결국 다른 사람이다. 상대가 어떤 것에 반응하고 왜 반응하는지 알기는 어렵다. 주어진 상황에서 남들은 어떻게 행동할지 예측하는 것은 거의 불가능하다.

이 주장을 뒷받침하는 사례는 얼마든지 있다. 그중 몇 가지를 무작위로 골라봤다. 2006년 러시아 수학자 그리고리 페렐만Grigory Perelman이 수학계의 노벨상으로 불리는 필즈 메달Fields Medal의 수상을 거부했다. 그는 이렇게 말했다. "나는 돈이나 명예에 관심 없습니다." 2010년, 페렐만 교수는 수학의 난제로 꼽히는 푸앵카레 추측Poincaré Conjecture을 증명한 사람에게 주기로 되어 있던 100만 달러의 상금도 거부했다. 이렇게 세상에는 돈을 좋아하지 않는 사람도 존재한다.

제2차 세계대전 중에 러시아는 스탈린그라드 전투에서 독일 육군 원수 프리드리히 파울루스Friedrich Paulus를 생포했다. 한편 스탈린의 장남 야코프 주가시빌리Yakov Dzhugashvili는 1941년부터 독일의 포로로 잡혀 있었다. 독일은 스탈린에게 그의 아들을 파울루스와 맞바꾸기를 원했다. 하지만 스탈린은 이 포로교환 요구를 거부했다. "장군을 중위와 1:1로 교환하는 법은 없다." 이것이 스탈린의 거절 이유였다. 이런 사람이 있는가 하면 어떤 사람은 생면부지의 남에게 자신의 콩팥을 떼어준다. 어째서? 이유는 짐작만 가능하다. 이런 일도 있다. 블라디미르 푸틴은 어느 날 아침 문득 잠에서 깨어 애꿎은 크림 반도를 러시아 땅으로 규정했다. 어째서? 이 경우는 짐작조차 어렵다.

어쨌거나 러시아의 크림 반도 합병 사태가 일어난 후 사건의 추이를 보던 정치전문가들이 푸틴의 행동에 대한 꽤 그럴듯한 설명을 내놓기는 했다(이건 인터넷 검색을 권한다). 한 가지 분명한 것은 그들 중 누구도 푸틴의 돌발 행동을 예측하지 못했다는 점이다. 푸틴의 머릿속에 무슨 생각이 오가는지는 전혀 짐작도 못 했다는 얘기다.

가장 중요한 결론은 이것이다.

5. 게임이론 모델들을 연구하는 것은 중요하고 유용하다. 하지만 이 점을 명심해야 한다. 현실세계의 진짜 이슈들은 대개 처음에는 단순해 보여도 알고 보면 복잡하다. 두 번 세 번 검토한다고 단순해지는 것도 아니다. 어떤 수학적 모델도 이 복잡성을 완전하고도 총체적으로 잡아내지 못한다. 수학은 인간의 본질을 간파하기보다 자연법칙을 발견하는 데 특화된 학문이다.

물론 우리가 사실을 충분히 알지 못한다 해도, 협상이 우리 삶에서 필수적인 부분이라는 점은 달라지지 않는다. 협상을 하지 않는 사람은 없다. 배우자, 자녀, 연인, 사업파트너, 상사, 부하 모두 우리의 협상 상대들이다. 협상은 특히 국가 간 외교나 정치단체 활동(가령 연합전선이나 연립정부를 형성할 때)의 핵심이다. 그런데도 우리는 협상에 늘 서툴다. 평범한 사람들만 그런 것은 아니다. 정치적, 경제적 거물들조차 때로 지극히 미숙한 협상 기술과 협상 철학을 드러낸다.

협상의 면면에 두루 적용되는 유명한 게임이 있다. 다음 장에서는 이 게임을 살펴본다.

최후통첩 게임

이번 장은 행동경제학에서 가장 많이 언급되는 한 실험에 집중한다. 이 실험은 인간 행동에 대한 통찰을 제공하고, 주류 경제학 논리를 반박하고, 불공정 분배를 거부하는 인간 본성을 확인해주고, 무엇보다 호모 에코노미쿠스(경제적 인간)와 실제 인간 사이의 차이를 극명하게 보여준다. 아울러 반복적 최후통첩 게임의 여러 협상 전략들을 살펴본다.

1982년 세 명의 독일 경제학자 베르너 귀트Werner Güth, 롤프 슈미트베르거Rolf Schmittberger, 베른트 슈바르체Bernd Schwarze가 자신들이 설계하고 수행한 실험을 토대로 한 편의 논문을 발표했다. 이들의 실험 결과는 세계 경제학계에 커다란 파장을 일으켰다. (정확히 말하면 경제학자들만 놀라고 나머지는 놀라지 않았다.) 이 실험이 바로 최후통첩 게임The Ultimatum Game이다. 이후 이 실험은 세상에서 가장 유명하고 가장 많이 연구되는 게임 중 하나가 되었다.

최후통첩 게임은 일견 공갈협박범의 역설과 비슷하다. 하지만 결정적 차이가 있다. 가장 큰 차이는 최후통첩 게임의 비대칭성에 있다. (전략 이외의 모든 조건이 선수 간에 동등한 상황을 대칭적 상황이라고 한다. 어려운 단어에 굴하지 말고 모쪼록 계속 읽어주기 바란다.)

이 게임은 이렇게 진행된다. 서로 모르는 사이인 두 선수가 한방에 있다. 두 사람을 보리스와 모리스로 부르자. 보리스(제안자)는 주최 측으로부터 1,000달러를 받고 모리스(응답자)와 나누라는 지시를 받는다. 모리스에게 얼마를 주든지 그건 보리스의 마음이다. 다만 조건이 하나 있는데, 응답자 모리스가 보리스의 분배 방식에 동의해야 한다. 즉 한 사람에게는 제안권이, 다른 한 사람에게는 거부권이 있다. 제안이 거부되면 1,000달러는 날아가고 두 선수 모두 한 푼도 얻지 못한다.

특기사항은 이 게임은 양방에게 모든 정보가 공개되어 있다는 것이다. 만약 보리스가 모리스에게 10달러를 주겠다고 하고 모리스가 이를 받아들이면, 보리스는 990달러를 차지한다. 만약 모리스가 이 제안을 불쾌하게 여겨 돈을 거절하면 두 사람 모두 빈손으로 떠나게 된다. (기억하자, 모리스도 보리스에게 1,000달러가 있다는 것과 자신의 결정에 따라 보리스가 990달러를 가질 수도 빈손이 될 수도 있다는 것을 안다.)

어떤 일이 벌어질까? 모리스는 보리스가 '후하게' 주는 10달러를 받을까? 만약 여러분이 이 게임의 선수라면 여러분은 생판 모르는 상대에게 얼마를 제안하겠는가? 그 이유는? 반대로 여러분이 응답자라면 받아들일 수 있는 최소한의 액수는 얼마인가? 그 이유는?

수학 대 심리학

나는 이 게임이 수학적 원리에 따른 결정('규범적' 결정)과 직관적, 심리학적 원리에 따른 결정('실증적' 결정) 사이에 존재하는 거대한 갈등을 보여주는 게임이라고 생각한다.

　수학적 견지에서 보면 이 게임은 복잡할 것이 하나도 없다. 하지만 쉬운 해답이 딱히 현명한 해답은 아니다. 만약 보리스가 본인의 이득을 극대화할 심산이면 그는 상대에게 1달러만 제시해야 한다. (게임머니에 동전은 없고 1달러 지폐만 있다고 가정하자.) 이런 제안을 받으면 모리스는 셰익스피어의 딜레마에 직면한다. "받느냐 마느냐, 그것이 문제로다." 만약 모리스가 호모 에코노미쿠스 마테마티쿠스 스타티스티쿠스라면, 다시 말해 수학광에다 열혈 합리주의자라면, 그가 고려할 것은 딱 한 가지다. "1달러와 0달러 중에 뭐가 더 이득이지?" 그리고 유치원 때부터 선생님에게 귀에 못이 박히게 들었던 '하나도 없는 것보다는 하나라도 있는 게 낫다'는 가르침을 떠올린다. 그는 당장 1달러를 받고 보리스가 999달러를 차지하게 한다. 그런데 여기서 문제가 발생한다. 현실에서는 일이 절대 이렇게 풀리지 않는다. 모리스가 보리스를 진심으로 사랑해서 그에게 복을 몰아주고 싶다면 모를까, 달랑 1달러를 받고 물러나는 건 솔직히 말이 안 된다. 물러나기는커녕 1달러 제안에 모리스가 기분이 상할 가능성이 훨씬 높다. 기분이 상하는 정도가 아니라 모욕감까지 느낀다. 모리스는 극단적 합리주의자가 아니다. 그에게는 분노, 정직, 질투라는 인간적 감정이 있다. 이걸 안다면 보리스는 거래 성사를 위해 모리스에게 얼마를 제안해야 할까?

현실의 사람들은 상대가 챙길 돈이 얼마인지 안다는 이유만으로, 거저 주겠다는 돈을, 때로는 주겠다는 돈이 상당한 금액인데도 거부하곤 한다. 왜 그럴까? 수학적 계산에 모욕감을 어느 정도나 고려해야 할까? 그것을 수량화할 수 있을까? 바보 취급을 당하느니 경제적 이득을 포기하겠다는 금액의 상한선은 어디일까?

이 게임은 미국, 일본, 인도네시아, 몽골, 방글라데시, 이스라엘 등 다양한 곳에서 수차례 실험되었다. 실험에서 분배의 대상이 반드시 돈만은 아니었다. 때로는 보석을(파푸아 뉴기니에서), 때로는 사탕을(어린이들이 선수일 때) 사용했다. 경제학 학생들을 대상으로 하기도 했고, 불교 명상가들을 대상으로 하기도 했다. 심지어 침팬지들을 실험 대상으로 삼기도 했다.

나도 이 게임에 항상 불가항력적 매력을 느꼈고, 여러 번 실험에 나섰다. 실험 결과는 현실세계의 상황들과 크게 다르지 않았다. 실험 참가자들은 모욕적인 제안을 거절했다. 예를 들어 응답자 중 소수만이 전체 금액의 20%에 못 미치는 액수를 받아들였다. (이 현상은 다양한 문화권에서 공통으로 나타난다.)

물론 이 20% 장벽은 게임에 걸린 돈이 상대적으로 소액일 때만 해당된다. 이때의 '상대적'은 매우 상대적이다. 만약 빌 게이츠가 전 재산의 0.01%만 주겠다고 하면? 그저 감지덕지다. 냉큼 받는다. 모욕감을 느낄 아무런 이유가 없다.

세상일이 다 그렇듯 단순한 것은 없다. 명백한 결론을 내리기는 어렵다. 예를 들어 인도네시아에서는 제안자에게 100달러를 주었다.

100달러는 현지에서 상대적으로 큰돈이다. 그런데도 응답자의 상당 수가 30달러(현지에서 2주 치 임금에 해당한다!) 제안을 거절했다. 그렇다. 사람들은 이상하다. 일부는 대부분보다 더 이상하다. 사람들은 예측 불허하다. 이스라엘에서는 심지어 500세겔 중 150세겔을 제안 받아 도 기분 나빠하는 사람들이 있었다. 150과 0 중에 0을 선택한 것이 다! 상대적 가치에 대한 놀라운 발견이 아닐 수 없다. 0이 150보다 많다! 사람들이 실제로 이런 선택을 한다. 어째서 이런 선택을 하는 걸까? 응답자는 제안자가 차지할 몫이 350이라는 것을 알고 판을 엎 었다. 부당하고 모욕적인 상황으로 인식했기 때문이다. 기분 상하느 니 판을 깨버리는 것이 낫다. 과거에 수학자들은 사람들의 정의감에 별로 관심을 두지 않았다. 지금은 관심을 둔다.

최후통첩 게임은 사회학적 견지에서도 대단히 매력적이다. 체면의 중요성을 강조할 뿐만 아니라 부당함을 거부하는 인간 본성을 실증 하기 때문이다. 심리학자이자 인류학자인 펜실베이니아 대학교 프란 시스코 질-화이트Francisco Gil-White 교수의 연구에 따르면, 몽골의 소 규모 사회에서는 제안자들이 상대가 불공평한 배분도 받아들일 것을 알면서도 균등 배분을 제안하는 경향을 보였다. 경제적 이득보다 사 회적 평판을 더 가치 있게 보는 걸까?

"명예가 값비싼 향유보다 낫다."

– 전도서 7장 1절

만약 응답자가 제안자가 챙기게 될 금액을 모른다면 어떻게 될까? 그런 경우에는 이상한 행동(일회성 익명 게임에서 상대가 주겠다는 돈을 거부하는 행동)이 일어나지 않는다. 따라서 지식이 항상 유리하게 작용하지는 않는다. 내가 상대에게 아무런 부가정보 없이 100달러만 내밀면(즉 상대가 내 제안을 받아들이면 나는 900달러를 가지게 된다는 사실을 말하지 않으면), 상대는 아마 아무 생각 없이 돈을 덥석 받을 것이다. 공돈으로 사고 싶었던 것을 사거나 모처럼 친구들에게 한턱 쏠 수 있다. '지혜가 많으면 번뇌도 많으니 지식을 더하는 것은 근심을 더하는 것이다'라는 옛말(전도서 1장 18절)이 영 틀린 소리는 아니다. 같은 맥락에서 이스라엘 작가 아모스 오즈Amos Oz가 질주하는 고양이가 낭떠러지를 만났을 때의 상황을 언급한 바 있다. 고양이는 낭떠러지 밖으로 그대로 내달린다. 고양이는 어떻게 됐을까? 〈톰과 제리〉를 한 번이라도 본 독자라면 답을 안다. 고양이는 곧바로 추락하지 않는다. 고양이는 한동안 허공에서 계속 달린다. 자신이 허공에 떠 있다는 것을 깨닫는 순간에야 고양이는 돌덩이처럼 뚝 떨어진다. 고양이를 추락하게 한 것은 무엇인가? 오즈는 이런 질문을 던졌다. 그것은 앎(지식)이다. 발아래를 떠받치는 것이 아무것도 없다는 것을 깨닫지 못한다면 고양이는 아마 공중을 달려서 중국까지 갈지도 모른다.

그럼 우리는 최후통첩 게임에 어떻게 임해야 할까? 최적의 제안은 무엇일까? 답은 여러 변수에 연동해서 달라진다. 개인별 위험 감수의 한계 범위도 그중 하나다. 분명한 것은 보편적 해답은 존재하지 않는다. 이것은 개인적인 문제이기 때문이다. 또 다른 중요한 변수는 게임이 시행되는 횟수다. 일회성 게임인 경우 합리적 전략은 (심하게 모욕적인 액수만 아니면) 어떤 제안이든 수용하고 그 돈으로 책을 사든지, 영화를 보든지, 샌드위치를 하나 사 먹든지, 내 돈으로는 사기 싫은 웃긴 모자를 사든지, 아니면 기부하는 것이다. 빈손보다는 그게 이득이다. 하지만 최후통첩 게임이 여러 번 반복된다면 그때는 사정이 완전히 달라진다.

거짓 위협과 진짜 신호

반복성 최후통첩 게임에서는 제안을 거부하는 것이 합리적이다. 꽤 높은 액수를 제안받더라도 말이다. 왜냐고? 상대에게 따끔한 교훈을 주기 위해서다. 거부하는 선수가 보내는 신호는 명확하다. "나는 그렇게 쉬운 사람이 아니야! 기억해. 당신이 200달러를 제안했고, 나는 그 제안을 거절했어. 다음에는 액수를 높여야 할 거야. 힌트를 주자면 반반도 나쁘지 않아. 아니면 당신, 빈손으로 떠나게 될 거야." 그런데 불행히도 앞서 말했듯 세상 어느 것도 처음 보이는 것처럼 단순하지 않다. 응답자가 1라운드에서 200달러를 거부한다 치자. 다음 라운드에서는 어떤 제안이 올까? 몇 가지 경우의 수를 고려해볼 수 있다.

　우선, 응답자의 심기를 건드리지 않으려면 제안자는 2라운드가 시작하자마자 냉큼 500달러를 제안해야 한다. 이미 거래를 한 번 날려먹었다. 같은 결과를 반복하는 건 바보짓이다. 문제는 200달러에서 단숨에 500달러로 금액을 올리는 건 어쩐지 나약한 모습을 보이는 것 같아 제안자 입장에서 자존심이 좀 상한다. 한편 응답자는 더 많은 돈을 받아내려고 이 제안도 거부할 가능성이 있다. 이번에도 0을 선택하면 다음번에 제안자가 600, 700 또는 심지어 800을 내놓지 않을까?

또 다른 해법은 이른바 블라디미르 푸틴 식 접근법이다. 이는 앞의 경우와 정반대 상황이다. 응답자가 200달러 제안을 거부하면 제안자는 다음번에 190달러를 제안하는 것이다. 여기에는 어떤 논리가 있을까? 이런 행동은 응답자에게 이런 신호를 보낸다. "강하게 나오겠다? 그럼 나는 더 강하게 나갈 수밖에. 당신이 제안을 거부할 때마다 나는 금액을 10달러씩 깎을 거야. 나야 어차피 돈이 아쉬운 사람이 아니니까, 제안을 거부하려면 얼마든지 거부해봐. 지쳐 쓰러질 때까지 거부해봐. 그럴수록 돈만 깎이고 당신만 손해니까. 나야 아쉬울 거 없어."

이 경우 응답자는 어떤 전략을 써야 할까? 응답자가 제안자의 엄포를 사실로 믿으면 제안을 받아들이고 그 선에서 타협할 가능성이 농후하다. 하지만 과시적 엄포는 때로 공허한 협박에 불과하다. 이렇게 되면 상황이 정말로 복잡해진다. 이때부터는 심리학과 심리전의 문제가 된다. 심리학은 수학과는 전혀 다른 세계다. 확실한 것이 하나도 없다.

아무튼 확실한 것은 일회성 게임과 반복성 게임은 전혀 다른 성격을 가지며 따라서 선수들이 전혀 다른 전략을 써야 한다는 것이다. 그런데도 선수들은 게임이 일회성이라는 것을 이해하지 못하고 거액을 거절하기도 한다. 이때는 상대방에게 신호를 보내는 것이 무의미하다. 제안자가 신호를 접수하더라도 게임이 거기서 끝나버리기 때문에 응답자가 이 학습효과에서 이득을 얻을 기회가 없다. 언제나 그렇듯 (이 말을 반복하지 않을 수 없다) 보이는 것처럼 단순한 건 아무것도 없다.

낭패와 쌤통 사이

2006년 9월 나는 하버드에서 게임이론에 관한 워크숍을 열었다. 거기 참석한 과학자 한 분의 말에 따르면, 단판 최후통첩 게임에서 상대의 제안을 거절하고 차라리 빈손을 택하는 심리 이면에는 생물학적이고 화학적인 이유가 있다고 한다. 우리가 불공평한 제안을 거절할 때 몸에서 도파민이라는 신경전달물질이 다량 분비되어 성적 쾌감과 비슷한 흥분 효과를 낸다는 것이다. 쉽게 말해서 부당하게 노는 경쟁자를 벌주는 건 굉장히 짜릿하다. 딱지 놓는 것이 이토록 즐거운데 그깟 20달러가 뭐가 중요하겠는가.

남자와 여자, 아름다움과 신호

도스토옙스키는 '아름다움만이 세상을 구한다'고 말했다. 세상까지는 모르겠고, 아름다움은 최후통첩 게임에서 어떤 변수가 될까? (아름다움은 경제학에서도 대단히 흥미로운 개념이다. 세상에 미모 프리미엄Beauty Premium이 존재한다는 건 알려진 사실이다. 외모가 수려한 사람들이 그렇지 못한 사람들에 비해 소득이 높다.) 1999년 모리스 슈바이처Maurice Schweitzer 교수와 사라 솔닉Sara Solnik 교수가 외모가 최후통첩 게임에 미치는 영향을 실험했다. 두 사람은 게임의 양방을 남녀 쌍으로 구성했다. 남자를 제안자로 설정하기도 하고 그 반대로 하기도 했다. 실험은 10달러를 걸고 하는 일회성 게임으로 설계되었고, 실험 전에 남녀 참가자들은 이성 참가자들의 외모 순위를 매겼다.

결론부터 말하자면 이렇다. 남자는 상대 여자가 미인이라고 해서 딱히 더 후하지 않았다(놀라운 결과가 아닐 수 없다). 반면 여자는 매력적인 남자에게는 훨씬 후한 제안을 했다. 어떤 여자들은 게임에 걸린 총액인 10달러 중에 무려 8달러(!)를 주기도 했다. 서구에서 시행된 일회성 최후통첩 게임 실험 가운데 평균 제안 액수가 전체 액수의 반을 넘은 경우는 이 실험이 유일했다! 어째서 이런 일이 일어났을까? 내 생각은 이렇다. 참가자들에게 이 게임은 일회성 게임이라고 분명히 말했음에도, 여자들은 마음속으로 반복성 게임을 하고 있었던 것이다. 남자들이 힌트 파악에 썩 뛰어난 동물은 아니다. 하지만 적어도 '일회성 만남'의 의미는 제대로 파악했다. 반대로 여자는 잘생긴 남자에게 이런 신호를 보내고 있었던 것 같다. "봐요, 내가 당신에게 받은 돈을 전부 넘겼어요. 나중에 커피나 한잔 사는 게 어때요?" 이 행동에는 일회성 게임을 시리즈 게임으로 발전시키려는 의도가 다분했다. 영국 소설가 제인 오스틴Jane Austen은 일찍이 이렇게 말했다. "여자의 상상력이란 매우 빨라서 순식간에 호감에서 사랑으로, 사랑에서 결혼으로 변한다." 이 위대한 작가는 모든 걸 알고 있었다!

이런 성향이 게임에서는 불리하게 작용할지 모른다. 하지만 나는 게임의 경계를 벗어난 현실세계에서는 여성이 바로 이런 성향 때문에 남성보다 전략적이고 창의적인 우위를 점한다고 본다. 자신의 행동과 대처가 상대에게 장기적 영향을 미치기를 바라는 성향은 의사결정 프로세스에서 매우 중요하고 가장 환영받는 자질이다. 미국 피터슨 국제경제 연구소Peterson Institute for International Economics의 최근 보고서 내용에 따르면 여성 리더가 많은 기업이 수익구조도 좋다. 왜 그러지 않겠는가. 명심하시라. 양성 평등이 단지 형평성 실현의 문제만은 아니다. 영업 실적과 직결되는 문제다.

법원 최후통첩

이번 최후통첩 게임은 무대가 법원이다. 구체적으로 말해서 '강제실시권compulsory licensing' 상황을 설정한다. 강제실시권은 공공의 이익 등을 위해서 법원이 특허권자의 의사와 상관없이 제삼자가 특허를 사용하도록 허락하는 것을 말한다. 특허권에 대해서는 다들 알리라 믿는다. 간추려 설명하면, 독창적이고 새로운 생각이 떠올랐을 때, 그 고안을 특허로 등록하면 해당 고안의 사용권을 독점할 수 있다. 다시 말해 특허권자는 다른 사람이 자신의 발명을 사용하지 못하게 막을 수 있다. 사람들에게 새롭고 나은 것을 발명해서 사회에 공헌하게 할 목적으로 만들어진 법이지만, 현실에서는 이 독점권이 남용되는 경우가 많다. 타인의 특허 사용을 완전히 막거나 사용을 허가해주는 대신, 엄청난 사용료를 물려 폭리를 취하는 특허권자들 때문이다. 특히 해당 발명으로 만들어지는 제품의 잠재적 유용성이 클 때 그렇다.

일례로 2015년 제약기업 튜링의 CEO 마틴 슈크렐리Martin Shkreli가

에이즈와 말라리아 치료에 널리 쓰이는 다라프림Daraprim의 특허권을 사들인 지 하루 만에 약값을 1정당 13.50달러에서 750달러로 50배 이상 대폭 올렸다. 이 일은 제약사들의 폭리 행위에 대한 거센 비난 여론을 불렀다. 이런 경우 해당 특허를 사용하려는 사람이 법원에 강제실시권 승인을 요청할 수 있다. 그러면 발명자의 허락을 얻지 않아도 특허를 사용할 수 있다. 특허권자가 강제실시권 발동을 우려해 함부로 비합리적인 가격을 책정하지 못하게 하는 효과도 있다. 특허권자는 발명 특허로 벌어들일 수 있는 최대 이익을 포기하는 대신 전용권을 지키는 선에서 타협점을 찾는다. 최후통첩 게임의 선수들처럼 특허권자들도 때로는 기대에 못 미치는 결과를 받아들여야 한다. 전부 놓치는 것보다는 그편이 낫다.

현실과 수학이 만날 때

최후통첩 게임의 또 다른 버전도 있다. 제안자가 여러 명이고 응답자가 한 명이라서, 제안자들이 각기 다른 금액 분배 방법을 제시하고, 응답자가 이 중 하나를 고르는 방식이다. 이때는 현실과 수학이 일치한다. 수학적 해법은 제안자가 전액을 내놓는 것이다. 여기서는 이것이 내시 균형Nash Equilibrium이기 때문이다. (내시 균형에 대해서는 나중에 논한다. 짧게 설명하자면 이렇다. 게임의 총액이 100이고 전액을 제시하는 제안자가 있을 때, 다른 제안자들은 이보다 적은 금액을 제시해서는 그를 이길 수 없다. 응답자가 딱지 놓을 것이 빤하다. 내시 균형은 이처럼 상대의 전략을 예상할 수 있을 때 내가 다른 행동을 취할 이유가 없는 경우를 말한다.) 이 경우는 현실에서도 결과가 비슷하다. 자신의 제안이 선택되기를 바라는 마음과 다른 제안자들이 더 높은 액수를 제시할지 모른다는 두려움 때문에 제안자들은 응답자에게 거의 전액을 제시하는 경향을 보인다.

독재자 게임

최후통첩 게임 상황에서 빈손으로 갈지언정 자존심을 지키고 불공정한 제안을 거부하는 사람들이 꽤 있다. 하지만 제안자가 상당한 액수를 내놓거나 반씩 나누기를 제안할 때 이것을 공정성의 발로로만 볼 수 있을까? 상대의 거절로 빈손이 되는 것을 피하기 위한 이기심의 발로일 수도 있지 않나? 제안자의 심중을 알아보기 위해 설계된 최후통첩 게임의 변형이 바로 독재자 게임Dictator Game이다. 선수는 단 두 명이다. 다만 제안자가 모든 결정권을 가지는 '독재자'가 된다. 응답자는 그의 제안을 무조건 수용한다. 따라서 판단할 필요가 없는 일종의 '식물' 응답자다. 이때 수학적 해법은 제안자가 돈을 모두 혼자 꿀꺽하고 유유히 집에 가는 것이다. 그럼 현실에서는? 독자들도 지금쯤 눈치챘겠지만 현실의 인간은 주류 경제학이 가정하는 인간과 많이 다르다. 현실에서는 제안자가 전액을 독식하는 경우는 의외로 많지 않다. 독재자는 그럴 필요가 없는데도 응답자에게 얼마간의 돈을 주는 경향을 보인다. (때로는 꽤 많은 액수를 주고, 때로는 심지어 돈을 똑같이 나누어 주기도 한다.) 왜 이런 행동을 할까? 인간 본성의 발현인가? 인간의 이타주의와 공정성과 자존감을 실증하는 것일까? 모르기는 독자나 나나 피차일반이다.

게임하는 사람들

이번 장에서는 재미와 교훈이 함께하는 게임들을 배워본다. 우리의 게임 용어를 확장하고, 식견을 넓히고, 전략적 스킬을 향상할 기회가 될 줄로 믿는다. 그 과정에서 내가 '최고의 전략가'로 생각하는 인물을 만나게 된다. 자, 게임을 시작하자.

GAME 1 해적 게임

"신뢰할 수 없는 인간은 신뢰할 만하다. 놈들을 신뢰할 수 없다는 사실을 확신할 수 있으니까. 정말로 믿지 못할 인간은 신뢰할 만한 놈들이다."

— 영화 〈캐리비언의 해적〉의 잭 스패로우 선장

한 무리의 해적이 그날의 파란만장했던 노략질 끝에 금화 100개를 가지고 귀항한다. 이제 할 일은 해적 다섯 명이 금화를 어떻게 나눌지 결정하는 것이다. 다섯 해적을 에이브, 벤, 칼, 돈, 에른이라고 부르자. 이중 에이브가 우두머리고 에른이 가장 아래다.

추상같은 위계가 존재하지만 이들은 꽤 민주적이어서, 전리품 분배에 다음 방식을 적용하기로 합의한다. 먼저 에이브가 분배 방식을 제안하고, 에이브를 포함한 모든 멤버가 그의 제안을 수용할지를 놓고 투표한다. 에이브의 제안이 과반의 지지를 얻으면 그의 제안에 따라 금화가 분배되고, 여기서 게임은 끝난다. 과반의 지지를 얻지 못하면 에이브는 바다에 던져지고(민주적인 해적도 해적은 해적이다), 에이브가 우리 곁을 떠나면 다음은 벤이 분배 방식을 제안할 차례다. (남은) 일동은 다시 투표에 들어간다. 다만 이번에는 찬반이 반씩 갈릴 수 있다. 득표수가 같은 경우에도 해당 제안이 부결되고 제안자가 바다에 던져진다. [득표수가 같은 경우 제안자가 캐스팅보트(결정투표권)를 쥐는 버전도 있다.] 벤의 제안이 해적 과반의 지지를 얻으면 그의 제안대로 금화가 분배되고, 그렇지 못하면 벤 역시 바다에 던져지고 칼이 분배 방식을 제안한다.

특정 제안이 과반의 찬성을 얻을 때까지 게임은 이렇게 계속 진행된다. 과반이 지지하는 제안이 나오지 않으면 결국에는 에른 혼자 살아남아 금화 100개를 몽땅 차지한다.

다음 내용을 읽기 전에 각자 잠시 궁리해보자. 이 해적들이 고도로 탐욕스럽고 영리한 인간들이라고 가정할 때, 이 게임은 과연 어떻게 끝날 것인가?

수학적 해법

수학자들은 이런 종류의 문제를 '역행 귀납법backward induction'으로 푼다. 역행 귀납법은 선발주자first mover와 후발주자second mover가 있는 순차적 게임에서, (즉 여러 번의 연속적 결정들에 의해 게임이 귀결되는 경우) 내게 가장 유리한 결정들을 알아내기 위해 상황이 끝나는 시점에서 출발해 거꾸로 시간을 거슬러 올라가며 추론하는 방식을 말한다.

현재 이런 시점에 있다고 가정해보자. 에이브가 제안을 했다가 실패했고, 벤의 의사도 거부됐고, 칼도 호응을 얻지 못해 세 사람은 더이상 우리 곁에 있지 않다. 이제 남은 해적은 돈과 에른뿐이다. 이제 해법이 상당히 뚜렷해진다. 돈은 에른에게 금화 100개를 모두 주어야만 한다. 그러지 않으면 돈은 상어와 헤엄치다 운명을 맞는 처지가 된다(의견이 반씩 갈려도 제안이 부결된다는 점을 기억하자). 따라서 영리한 해적인 돈은 에른에게 금화 자루를 몽땅 넘긴다.

돈	에른
0	100

누구 못지않게 영리한 해적인 칼이 게임 막판에 벌어질 수 있는 이런 상황을 예측하지 못할 리 없다. 칼은 상황이 이렇게 풀리는 것을 기를 쓰고 막아야 한다. 나아가 칼은 자신이 에른에게는 땡전 한 푼 주지 않아도 된다는 걸 안다. 이 시점에서 에른의 소원은 어떻게든 다음 라운드로 가는 것이기 때문에 무조건 반대표를 던질 것이 뻔하다. 돈의 입장은 이와 반대다. 돈은 무조건 칼의 제안을 살려야 한다.

칼의 제안이 부결되면 돈은 에른과 단둘이 남게 되고, 그러면 자신은
백발백중 상어 밥이 되고 만다. 따라서 칼이 돈에게 금화 한 닢만 주
어도 돈은 칼에게 찬성표를 던지게 되어 있다. 돈이 칼의 제안에 찬
성하면 둘은 과반을 이루고 게임이 끝난다. 따라서 선수가 세 명인
시점에서 금화는 칼 99개, 돈 1개, 에른 0개로 분배된다.

칼	돈	에른
99	1	0

자, 한 라운드 더 거슬러 가 보자. 벤도 닳고 닳은 해적이라서 이런
결과를 충분히 예측한다. 벤이 칼만 좋은 상황을 만들어줄 리 만무하
다. 칼만 동의하고 그 아래 두 사람이 반대하면 득표수가 같아 벤은
바다로 던져지고, 칼의 차례가 된다. 그렇게 될까 봐 돈과 에른은 웬
만하면 벤에게 동의할 수밖에 없다. 결과적으로 칼은 금화 0개, 돈은
2개, 에른은 1개, 벤 자신은 나머지 97개를 차지한다.

벤	칼	돈	에른
97	0	2	1

드디어 끝까지 거슬러 왔다. 여기까지 예측한 에이브는 어떤 행동
을 할까? 우두머리 해적으로서 에이브는 전리품 분배에 있어서 어느
누구보다 노련하다. 에이브는 다음과 같이 제안한다. 자신이 금화 97
개를 가진다. 벤에게는 아무것도 주지 않는다. (어차피 벤은 얼마를 받든 반
대표를 던지게 되어 있으니까 괜히 금화를 낭비할 필요 없다.) 칼에게는 금화 한 개

를 투척한다. (칼의 입장에서는 에이브가 바다에 던져지고 벤의 차례가 되면 자신은 아무것도 받지 못한다. 아무것도 받지 못하는 것보다는 한 개라도 받는 게 나으므로 칼은 찬성표를 던진다.) 돈에게는 아무것도 주지 않고 에른에게는 금화 두 개를 준다. (에이브는 돈과 에른 중 한 명만 찬성해도 이긴다. 다만 돈을 구슬리려면 금화 세 개를 줘야 하고, 에른을 구슬리려면 두 개를 주어야 한다. 따라서 에른을 구슬리는 편이 싸게 먹힌다.) 에이브의 제안은 결과적으로 3:2로 가결되고, 다섯 해적은 바다가 마를 때까지 계속 배들을 약탈할 수 있게 된다.

에이브	벤	칼	돈	에른
97	0	1	0	2

결과만 놓고 보면 좀 야릇한 분배 방식이다. 수학 전공자 다섯 명을 데리고 이 게임을 하면 같은 결과가 나올까? 심리학 대학원생 다섯 명을 데리고 실험하면 어떻게 될까? 심리학자들은 다른 방식으로 가능성을 따질까?

선수들 간 연합이 허용되고 협상이 가능하다면? 그 경우 게임은 어떤 양상을 띨까? 수학적 해법은 모든 선수가 현명하고 합리적이라고 추정한다. 하지만 이런 추정을 하는 것이 과연 현명할까? 합리적일까? (나는 현실에서 이 게임을 수차례 관찰했지만 참가자들이 수학적 해법과 같은 결과에 이르는 것은 한 번도 보지 못했다. 그건 무엇을 뜻할까?) 수학적 해법은 질투심, 모욕감, 샤덴프로이데Schadenfreude, 타인의 불행에서 얻는 쾌감 같은 중요한 감정들의 존재를 무시한다. 감정이 개입하면 수학적 계산은 달라질 수도 있다.

해적 게임은 최후통첩 게임의 다수 참가 버전이라고 할 수 있다. 해적 게임이 야릇하게 느껴지는가? 그렇다면 다음 게임은 어떤가?

GAME 2 부자의 죽음

어느 늙은 갑부가 세상을 떴다(그렇다, 부자들도 죽는다). 망자에게는 두 아들 샘과 데이브가 있다.* 두 형제는 앙숙이다. 한동안 서로 얼굴을 보거나 말을 섞은 적도 없다. 이제 유언장 내용을 들으러 10년 만에 아버지의 집에서 만난다.

아버지의 변호사가 봉투를 열고 유언장을 낭독한다. 아버지는 두 아들에게 101만 달러를 남겼고, 아울러 유산 분할 방식도 시리즈로 남겼다.

첫 번째 방법은 형 샘이 100달러를 가지고 동생에게 1달러를 주고 나머지는 자선단체에 기부하는 것이다(기부금액이 엄청나다).

샘	데이브
100	1

샘이 이 지시를 받아들여야 할 의무는 없다. 받아들이기 싫으면 동생 데이브에게 결정권을 넘기면 된다. 결정권이 데이브에게 넘어오면 데이브는 자신이 1,000달러를 가지고, 형에게 10달러를 주고 나머지를 기부한다. 이것이 유언장에 명시된 두 번째 분할 방법이다.

* 이 사례는 1981년 사회심리학자 로버트 로젠탈Robert Rosenthal이 처음 제안한 지네 게임Centipede Game을 바탕으로 한다.

샘	데이브
100	1
10	1,000

데이브에게도 거부권이 있다. 이대로 유산을 나누어 가지든가 싫으면 거부하든가 둘 중 하나다. 데이브가 거부하면 결정권이 다시 샘에게 넘어오고, 샘은 자기가 10,000달러를 가지고 데이브에게 100달러를 주고 나머지는 역시 기부한다.

샘	데이브
100	1
10	1,000
10,000	100

물론 샘이 이 방법을 꼭 받아들일 필요는 없다. 싫으면 데이브에게 결정권을 넘기면 된다. 그러면 데이브가 유산 중 100,000달러를 가지고, 샘이 1,000달러를 가지고, 나머지는 자선단체로 간다. 그렇다, 라운드가 이어질수록 기부금액은 점점 줄어든다.

샘	데이브
100	1
10	1,000
10,000	100

1,000	100,000

물론 이번에도 데이브는 이 분할 방식을 거부하고 결정권을 다시 샘에게 넘길 수 있다. 이 경우 유언장에 명시된 유산 분할 방식은 이렇다. 샘 자신은 1,000,000달러를 가지고, 원수 같은 동생에게는 10,000달러를 준다. 기부할 돈은 없다.

샘	데이브
100	1
10	1,000
10,000	100
1,000	100,000
1,000,000	10,000

여러분 생각에 실제로는 일이 어떻게 풀릴 것 같은가? 이 문제도 역행 귀납법으로 풀어볼 수 있다. 누가 봐도 이 게임이 최종 라운드(5라운드)까지 진행될 가능성은 손톱만큼도 없다. 데이브는 원수 같은 형이 1,000,000달러를 가지는 꼴을 못 본다. 형이 백만장자가 되는 것도 배가 아픈데 그렇게 되면 자신의 지분은 100,000달러에서 10,000달러로 대폭 줄어든다. 샘도 동생의 속을 빤히 안다. 그래서 샘은 게임이 4라운드까지 진행되는 것을 한사코 막는다. 게임이 4라운드에 가면 샘은 3라운드의 10,000달러 대신 고작 1,000달러만 받고 떨어져야 한다. 이런 식으로 계속 거슬러 올라가 보자. 같은 이유

로 게임은 3라운드에 이를 수 없다. 2라운드도 못 간다. 놀랍지 않은가? 그렇다. 두 형제 모두 호모 에코노미쿠스 스타티스티쿠스라는 가정에 따라, (즉 둘 다 남 잘되는 꼴을 못 보고 자기만 생각하는 타산적인 인간이라면) 이 게임은 1라운드에서 일찌감치 끝나게 되어 있다. 샘이 100달러를 챙기고, 데이브에게는 단돈 1달러를 주고 나머지 거액은 기부한다. (나쁜 의도가 가끔은 착한 결과를 낳기도 한다. 어쨌거나 유산을 기부한 두 형제는 하늘의 축복을 기다릴 자격이 있다.) 이것이 수학적 해법이다. 샘이 100달러, 데이브가 1달러만 가지고 나머지는 거금은 자선단체로 가는 것.

어떤가? 합리적인 해법으로 보이는가? 판단은 독자들의 몫이다.

GAME 3 초콜릿과 독약 게임

이번 게임은 비교적 간단한 게임이다. 속칭 땅따먹기 게임이다. (내가 지금 소개하는 초콜릿과 독약 버전은 지금은 고인이 된 미국 수학자 데이비드 게일David Gale이 최초로 제시했다.) 격자판 위에서 하는 게임인데, 각각의 칸에는 초콜릿이 담겨 있지만, 맨 왼쪽 하단의 칸에는 치사량의 독약이 들어 있다. 게임의 규칙은 이렇다.

선발주자가 칸 하나에 가위표 한다. 원하는 칸 어디에나 표시할 수 있다.

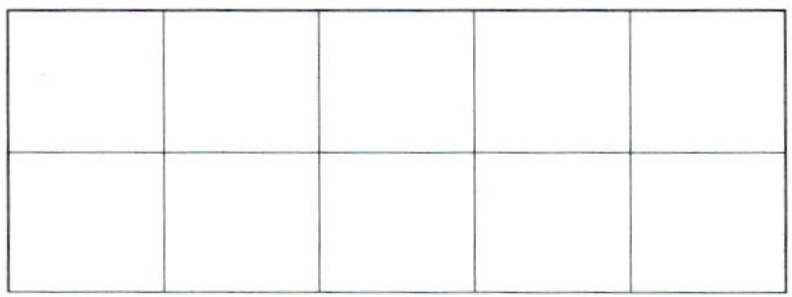

		X		
독약				

선발주자가 표시한 칸을 기준으로 오른쪽과 위쪽에 있는 칸들도 모두 가위표가 된다.

		X	X	X
		X	X	X
		원래 X	X	X
독약				

이번에는 상대 선수의 차례다. 상대 선수는 남은 칸 중 하나를 골라 동그라미로 표시한다. 그가 표시한 칸의 오른쪽과 위쪽에 있는 칸들도 모두 동그라미가 된다.

		X	X	X
		X	X	X

		X	X	X
			O	O
독약			O	O

다시 선발주자가 남은 칸 중 하나에 가위표를 해서 영토를 넓힌다. 그 칸의 오른쪽과 위쪽에 있는 칸들도 모두 가위표가 된다(해당 구역에 빈칸이 남아 있다면). 다시 상대 선수가 남은 칸 중 하나에 동그라미표를 하면, 그 칸의 오른쪽과 위쪽에 있는 칸들은 모두 동그라미표가 된다 (거기에 빈칸이 남아 있다면). 두 선수 중 하나가 독약 칸을 선택할 수밖에 없을 때까지 이런 식으로 둘이 번갈아 한 수씩 두며 게임을 진행한다. 독약을 선택한 선수는 패자가 되어 죽는다(비유적으로 말해서 그렇다는 것이지 진짜로 죽는다는 뜻은 아니다).

같은 게임을 가로세로 7×4(또는 그 반대)의 격자판에서 한다면 어떻게 될까?

이 게임을 (가로세로 칸수가 같은) 정사각형 격자판에서 하는 경우, 선발주자가 항상 이기는 전략이 존재한다. 그게 무엇일까? 답을 보기 전에 한 번 3분 정도 생각해보자.

해답

두 선수를 조앤과 질이라고 하자. 선발주자인 조앤이 다음과 같은 전략을 쓰면 무조건 이긴다. 첫수가 중요하다. 첫수는 대각선 방향으로 독약 칸의 바로 위 칸을 선택해야 한다.

	X	X	X	X
	X	X	X	X
	X	X	X	X
	X 조앤의 첫수	X	X	X
독약				

이렇게 해놓고 나서 그다음부터는 상대방을 대칭으로 따라하면 된다. 무슨 말이냐면, 질이 놓은 수를 그대로 따라하되 격자판의 반대편에서 대칭적으로 따라한다. 그림을 보면 이해가 빠르다.

O	X	X	X	X
O 질의 맞수	X	X	X	X
	X	X	X	X
	X 조앤의 첫수	X	X	X
독약			X 조앤의 응수	X

다음에 이어질 상황은 굳이 설명하지 않아도 자명하다.

이 게임을 정사각형이 아니라 직사각형 격자판에서 하면 일이 훨씬 복잡해진다. 하지만 그 경우에도 선발주자가 이기는 전략의 존재를 수학적으로 증명할 수 있다. 문제는 승리 전략의 존재는 증명할 수 있지만 그 증명이 해당 승리 전략이 무엇인지는 구체적으로 명시하지 않는다는 것이다. 수학자들은 이런 종류의 증명을 '비구조적 존재 증명non-constructive proof of existence'이라고 부른다.

GAME 4 노인을 위한 게임은 없다

고향 리투아니아 빌뉴스에서 중등학교에 다니던 시절 습득한 소중한 기술 중 하나는 수업 중에 선생님한테 걸리지 않고 몰래 종이에다 전략게임을 하는 것이었다. 당시 내가 빠져 있던 게임은 틱택토tic-tac-toe, '동그라미와 가위noughts and crosses'로 부르기도 한다의 '무한대' 버전이었다. 이 게임 덕분에 지루한 수업에서 살아남을 수 있었다.

오리지널 틱택토는 다들 잘 알 거라 믿는다. 간단히 설명하자면 3×3의 격자판을 만들고, 누가 가위표를 하고 누가 동그라미표를 할지 정한 다음, 두 사람이 번갈아 한 수씩 두어서, 가로나 세로나 대각선으로 연속 세 칸을 먼저 점하는 쪽이 이긴다. 이 게임은 여섯 살까지만 재미있다. 더 큰 아이들이나 어른들이 하면 선수 중 하나가 졸지 않는 한 무승부로 끝난다. (졸아도 할 말 없을 만큼 지루하고 단조로운 게임이다.)

하지만 무한대 버전은 얘기가 다르다. 이때는 격자판의 칸수에 한계가 없다. 목표는 자기 표시 다섯 개를 가로나 세로나 대각선으로 나란히 연결하는 것이다. 선수들은 누가 가위표를 하고 누가 동그라미표를 할지 정한 다음 격자판에 번갈아 한 수씩 둔다. 두 사람 중에 연속 다섯 칸을 먼저 완성하는 쪽이 이긴다.

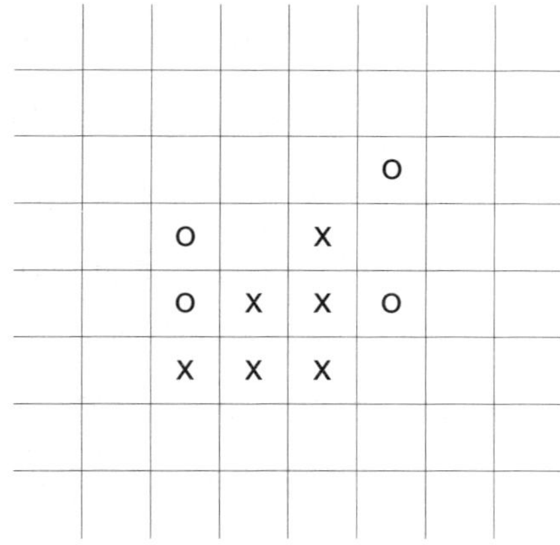

이 그림은 이미 승부가 났다. X선수가 이겼다.

이 그림을 보자. O선수가 표시할 차례다. 하지만 O선수가 어디에
표시하든 X선수가 이기는 것을 막을 수 없다. 판이 이렇게 되면 이미

X선수가 이긴 거나 다름없다. 왜 그런지는 조금만 생각해도 알 수 있다. (상대의 표시가 나란히 세 개가 되면 만사 제쳐두고 거기부터 막아야 한다. 상대의 표시가 나란히 네 개가 된 다음에 막으면 소용없다. 그런데 그림처럼 상대의 표시가 나란히 세 개가 된 곳이 두 곳 생기면 이미 게임 끝이다. 그 상황에서는 이길 방법이 없다.)

어렸을 때는 내가 이 게임을 발명했다고 생각했다. 물론 착각이었다. 거의 같은 게임이 아시아에서 '오목五目'이라는 이름으로 옛날부터 널리 유행했다. 오목도 바둑판에 두지만 바둑과는 아무 관계 없는 게임이다. 바둑을 누가 언제 만들었는지는 전하지 않는다. 다만 고대 중국에서 유래한 것으로 알려져 있다. 공자의 어록인 《논어》에도 바둑에 대한 언급이 있다. 하지만 서구에는 일본을 통해 들어왔기 때문에 오목의 일본식 발음인 '고모쿠'로 불린다.

학창시절 수업시간과 쉬는 시간을 막론하고(쉬는 시간에는 어차피 놀이가 허용되기 때문에 재미가 반감된다) '동그라미와 가위' 무한대 버전을 줄기차게 연마했건만, 나는 아직도 선발주자(X선수)를 위한 최적의 승리 전략이 무엇인지 알지 못한다. 실력이 좋은 두 선수가 붙으면 게임이 항상 무승부로 끝날지(아니면 영원히 끝나지 않을지)도 모른다. 하지만 장담하건대 승리 전략은 존재한다. 나중에 은퇴해서 시간적 여유가 많아지면 선발주자의 승리 전략을 찾아낼 작정이다.

다만 문제가 있다. 솔직히 말해 나는 지난 수십 년 동안 오목을 둔 적이 없다. 이 책을 쓰면서야 기억이 났다. 언젠가 오목의 전략을 다시 파겠다는 계획은 나로서는 초장기적 계획이다. 따라서 여러분 중 한 사람이 먼저 착수해서 승리의 비결을 찾아내도 무방하다. 그렇게 해서 내 시간과 노력을 절약해 준다면 나로서는 고마울 따름이다.

GAME 5 남의 떡이 커 보인다

이런 상상을 해보자. 현금 봉투가 두 개 있다. 한 봉투에 들어 있는 돈은 다른 봉투에 들어 있는 돈의 두 배다. 두 개의 봉투 중 원하는 것을 골라 가지면 된다. 세상에서 가장 단순한 게임 같다. 내가 잃을 게 뭐란 말인가?

내가 봉투 하나를 고른다. 열어보니 안에 1,000달러가 들어 있다. 처음에는 웬 횡재냐 싶다. 하지만 이내 내가 선택하지 않은 다른 봉투의 돈이 궁금해진다. 물론 나는 거기에 얼마가 들었는지 모른다. 거기 든 돈이 2,000달러인 경우 내가 봉투를 잘못 고른 셈이 된다. 하지만 500달러일 가능성도 같다. 이때부터 슬슬 문제가 꼬인다. 나는 잠시 궁리한 끝에 다음과 같은 결론에 도달한다. "기분 나빠. 왜냐하면 선택하지 않은 봉투에 있을 잠재 금액의 평균이 내 손에 들어온 금액보다 크니까. 저 봉투에 2,000달러가 있을 가능성과 500달러가 있을 가능성이 같다면 그 평균은 1,250달러야. 내가 선택한 1,000달러보다 많잖아! 나도 그쯤은 계산이 된다고!"

다시 말해 내가 선택한 봉투에 얼마가 들어 있든, 내가 선택하는 순간 그것은 '잘못될 수 있는 일은 으레 잘못되게 되어 있다'는 머피의 법칙Murphy's Law을 증명한다. 내가 선택하지 않은 봉투는 언제나 내 봉투보다 두둑하다. 평균적으로 그렇다. 만약 내 봉투에 400달러가 있다면 다른 봉투에는 800 또는 200달러가 있다. 그 평균값은 500이다. 이렇게 생각하면 봉투 고르기 게임에서 나는 필패다. 내가 놓친 이득은 얻은 이득보다 영원히 25% 높다. 그럼 다른 봉투에 뭐가 들었는지 몰라도 봉투를 바꾸는 게 나을까? 그렇게 하는 건 영원히 끝나지 않는 도돌이표를 발동하는 것과 같다. 단순해 보였던 게임이 왜 이리 복잡해졌을까?

이 사례는 모리스 크래칙Maurice Kraitchik, 1882~1957 이라는 벨기에 수학자가 처음 제시해서 유명해진 역설 상황이다. 다른 점이 있다면 크래칙은 돈 봉투가 아니라 넥타이를 이용했다. 두 남자가 누구 넥타이가 더 멋진지를 놓고 싸운다. 둘은 제삼자에게 물어보기로 한다. 심판으로 위촉된 벨기에 최고의 넥타이 전문가는 이 요청을 받아들이는 대신 조건을 하나 붙인다. 승자는 자신의 넥타이를 패자에게 위로상으로 주어야 한다. 넥타이 주인들은 잠시 생각해보다가 그렇게 하기로 한다. 둘의 속셈은 같다. "누구 넥타이가 이길지는 모르는 일이야. 하지만 내가 이기면 넥타이를 잃고, 내가 지면 내 것보다 나은 넥타이가 생기잖아? 종합적으로 판세는 내게 유리해." 두 경쟁자 모두 자신이 유리한 위치에 있다고 믿는 이유는 뭘까?

크래칙이 1953년 다른 버전의 상황을 제시했다. 툭하면 싸우는 벨기에 사람 두 명이 나오는 것은 같지만 이들은 벨기에 초콜릿을 하도 먹어서 숨도 쉬기 어려운 지경이라 넥타이는 매지 않는다. 대신 두 사람은 서로의 지갑을 걸고 내기를 건다. 지갑이 더 두둑한 것으로 판명이 난 사람이 자신의 지갑을 더 가난한 상대에게 주어야 한다. 만에 하나 무승부라면, 없던 일로 하고 다시 초콜릿에 집중하면 된다.

이번에도 역시 두 사람은 저마다 자신이 유리한 고지에 있다고 믿는다. 내기에 지면, 이겼을 때 상대에게 바쳐야 할 돈보다 많은 돈이 굴러들어온다. 이건 완전히 거저먹는 게임이 아닌가? 길에서 모르는 사람들에게 이 내기를 제안해보라. 사람들은 어떻게 반응할까? 미국 수학자이자 저술가 마틴 가드너Martin Gardner가 1982년 출간한 수학 퍼즐 관련 대중서 《아하! 바로 그거야Aha! Gotcha》에도 이 역설이 나온다.

예일 경영대학원 경영학과 배리 네일버프Barry Nalebuf 교수는 게임 이론의 세계적 전문가다. 그는 1989년 발표한 한 논문에서 '남의 떡' 게임의 돈 봉투 버전을 제시했다. 놀랍게도 오늘날까지도 이 게임에는 통계학자들이 두루 합의하는 해법이 없다.

몇 가지 해법이 제안된 적은 있다. 그중 하나는 산술평균 대신 기하평균을 적용한다. 기하평균은 두 개의 수가 있을 때 둘을 곱한 값의 제곱근을 말한다. 기하평균은 산술평균보다 크지 않다. 예를 들어 4와 9의 기하평균은 $4 \times 9 = 36$의 제곱근, 즉 6이다. 내가 고른 봉투에 X달러가 있다면, 다른 봉투에는 2X 또는 $\frac{1}{2}$X달러가 있다. 이 경우 다른 봉투에 있는 돈의 기하평균은 X다. 내 수중에 들어온 돈과 정확히 같은 액수다. 산술평균이 아니라 기하평균을 적용하는 해법을 뒷받침하는 논리는 이렇다. 이 문제는 덧셈이 아니라 곱셈의 문제(이쪽 돈이 저쪽 돈의 두 배)다. 만약 한쪽 봉투의 돈이 다른 봉투의 돈보다 10달러 많다면, 그때는 산술평균을 적용하면 된다. 그러면 역설이 풀리고 마음이 불편할 이유가 없어진다. 내가 고른 봉투에 X달러가 있다면 다른 봉투에는 X+10 또는 X-10달러가 있는 것이고, 따라서 다른 봉투에 있는 돈의 평균은 X가 된다.

확률깨나 하는 학생들은 '유리수 n개의 균일분포는 정의할 수 없다'고 반박할 것이다.

이런 말이 무슨 말인지 이해하지 못해도 아무 문제없다. '남의 떡' 역설의 최고 버전은 확률과 아무 관련이 없기 때문이다. 마지막으로 소개할 버전은 미국의 수학자이자 철학자이자 피아니스트이자 마술사인 레이먼드 M. 스멀리언Raymond M. Smullyan의 명저 《악마, 칸토르 그리고 무한대Satan, Cantor and Infinity》에 나온다. 스멀리언이 제시한 '남의 떡' 역설의 두 가지 버전은 다음과 같다.

1. 내가 고른 봉투에 B가 있고, 이 봉투를 다른 봉투와 바꿀 경우, B를 더 얻거나 $\frac{B}{2}$를 잃거나 둘 중 하나다. 따라서 봉투를 바꾸는 것이 옳다.

2. 두 봉투에 각각 C와 2C가 있고, 봉투를 서로 바꿀 경우, C를 더 얻거나 C를 잃거나 둘 중 하나다. 가능성은 반반이고, 얻을지 모르는 금액과 잃을지 모르는 금액도 같다.

헷갈리는가? 나도 그렇다.

어쨌거나 사람들 대부분은 역설이나 이율배반 따위는 존재하지 않으며, 인생사 다 그렇듯 내가 무엇을 하고 어디로 가든 결국은 가지 않은 길이 더 좋은 길이라는 비관적 결론을 내린다. 예를 들어 결혼한 사람이면 독신으로 남는 것이 나을 뻔했다. 러시아 문호 안톤 체호프Anton Chekhov도 이런 말을 남겼다. "외로움이 두렵다면 결혼하지 마라." 그럼 독신이 좋은 선택이냐 하면 그것도 아니다. 성경에 '좋지 않다'라는 표현이 처음 등장한 것이 바로 창세기 2장 18절이다. "사람이 혼자 사는 것은 좋지 아니하니." 하느님이 그렇게 말씀하셨다는 거다. 내가 아니라.

GAME 6 골든 볼

〈골든 볼〉은 2007년에서 2009년까지 방송된 영국의 TV 게임쇼다. 이 게임쇼의 규칙과 진행방법을 세세히 논하지는 않겠다. 다만 최종 라운드만 언급하면 이렇다. 게임 막판까지 살아남은 두 선수는 상금을 어떻게 나눌지 협상해야 한다. 두 선수는 각자 공을 두 개씩 가졌다. 공 하나에는 나누기SPLIT라고 쓴 스티커가 붙어 있고, 다른 하나에는 훔치기STEAL라고 쓴 스티커가 붙어 있다. 두 선수 모두 나누기를 선택하면 둘이 상금을 반씩 나누고, 두 선수 모두 훔치기를 선택하면 둘 다 한 푼도 받지 못한다. 두 선수가 엇갈린 선택을 하면 훔치기를 선택한 쪽이 상금을 모두 차지한다. 두 선수는 공을 선택하기 전에 상의할 수 있다.

	나누기	훔치기
나누기	$(\frac{X}{2}, \frac{X}{2})$	(0, X)
훔치기	(X, 0)	(0, 0)

〈골든 볼〉의 최종 라운드 규칙을 정리한 표다. X는 상금이다. 표를 얼른 훑어보자. 선수가 자기 이득만 생각하면 훔치기가 나누기보다 낫다는 것을 알 수 있다. 문제는 둘 다 그렇게 하면 둘 다 망한다는 것이다. (그렇다. 이 게임은 그 유명한 죄수의 딜레마와 비슷하다. 죄수의 딜레마는 나중에 다룬다.)

대개의 경우 선수들은 상대에게 나누기를 고르라고 설득한다. 그리고 가끔은 이 방법이 먹힌다. 유튜브에 올라와 있는 이 게임의 동영상들을 보라. 상대의 약속을 믿고 나누기를 선택했다가 배신당하는 마음 아픈 경우를 심심찮게 볼 수 있다.

그런데 어느 날 닉이라는 선수가 전에 없던 희한한 접근법을 들고 나왔다. 닉은 상대 선수 이브라힘에게 자신이 훔치기를 선택할 테니 제발 나누기를 선택해달라고 애걸했다. 그러면서 상금(이때 상금은 13,600파운드였다)을 타면 게임이 끝난 후에 반을 주겠다고 약속했다. 이브라힘은 자신의 귀를 의심했다. 하지만 닉은 계속해서 상금 분할을 약속하며 자신이 꼼수를 써서 뒤통수를 때리는 대신 이렇게 미리 까놓고 말하는 것 자체가 자신의 정직성을 보여주는 것이 아니겠냐고 주장했다. 닉이 이브라힘에게 말했다. "당신이 나누기를 선택하면 상금의 반을 확보하는 겁니다. 누이 좋고 매부 좋은 일이에요." 이 시점에서 사회자가 두 선수에게 상의 시간이 끝났으니 말을 멈추고 각자 공을 선택하라고 했다.

이브라힘은 닉의 설득대로 나누기를 선택했다. 그런데 닉도 나누기를 선택한 것이 아닌가! 닉은 왜 이런 행동을 했을까? 닉은 이브라

힘이 자신의 계획에 동참할 것을 철석같이 믿었고, 게임이 끝난 후 상금을 나누는 게 귀찮아 자기도 나누기를 선택한 것이다.

나는 닉이 최고의 전략가라는 타이틀에 아깝지 않은 인물로 본다. 여러분은 어떻게 생각하는가?

이 게임은 협상 전략에 관한 게임인 만큼이나 참가자 사이의 신뢰에 관한 게임이다.

GAME 7 체스의 우여곡절

(다음 내용은 체스와 수학 애호가들만을 위한 것이다.)

많은 사람이 게임이론의 탄생 시점을 헝가리 출신 미국 수학자 존 폰 노이만John von Neumann, 1903~1957과 경제학자 오스카 모르겐슈테른Oscar Morgenstern, 1902~1977의 명저 《게임이론과 경제행동Theory of Games and Economic Behaviour》이 발간된 1944년으로 본다. 하지만 게임이론이 다루는 문제와 상황들은 거의 태곳적부터 존재했고, 《탈무드》를 비롯해서 《손자병법》과 플라톤의 저서에도 등장한다.

반면 학계 일부는 게임이론이라는 학문 분야가 태동한 것은 1913년 독일 수학자 에른스트 체르멜로Ernst Zermelo, 1871~1953가 체스의 정리定理를 발표한 때라고 말한다. 체스의 정리 내용은 이렇다. '백이 이기는 수를 쓰거나 흑이 이기는 수를 쓰거나 아니면 흑과 백이 비기는 수를 쓰거나.' 다른 말로 하면 체스에는 오직 세 가지 선택밖에 없다는 얘기다.

처음 이 정리를 접했을 때, 나는 빈정대는 버릇이 발동했다. '우와! 기발해! 거기다 새로워! 이 독일 학자 말은 체스에서는 결국 백이 이기거나 흑이 이기거나 무승부로 끝나거나 셋 중 하나라는 거네? 이 세 가지 말고 다른 선택도 있다고 믿었던 나만 바보인 거야?' 나는 체르멜로의 증명을 읽은 다음에야 그의 정리가 의미하는 바를 깨달았다.

체르멜로는 체스가 사실상 3×3 틱택토와 다르지 않음을 증명한 것이었다. 아까도 말했지만 틱택토는 선수 중 하나가 일시적 정신착란을 일으키지 않는 한(영 없는 일도 아니다) 항상 무승부로 끝난다. 다른 경우는 없다. 처음에는 번번이 지던 사람도 얼마 지나지 않아 절대로 지지 않는 요령을 터득하게 된다. 바로 이 점이 그렇지 않아도 따분한 틱택토를 여백만 있고 글자는 없는 책을 보는 것처럼 밋밋하게 만든다.

체르멜로는 체스가 (그리고 다른 많은 게임이) 틱택토와 거의 판박이라는 사실을 수학적으로 증명했다. 체스와 틱택토의 차이는 사실상 질적 차이가 아니라 양적 차이일 뿐이다.

체스 게임에서 '전략'이란 체스 판 위에서 벌어지는 상황에 대한 반응들을 말한다. 따라서 두 선수 사이에는 무수히 많은 전략이 존재한다. '백White' 선수(첫수를 두는 선수)의 전략들을 S라고 하고, '흑Black' 선수의 전략들을 T라고 하자. 앞서 말했듯 체르멜로의 정리에 따르면 체스 게임에는 오직 세 가지 선택만 있다.

첫째, 흑이 어떻게 하든 백이 항상 이기는 전략이다. (이 전략을 S4로 부르자.)

(W = 백의 승리, B = 흑의 승리, X = 무승부)

	S1	S2	S3	S4	…	Sn
T1	B	W	B	W		B
T2	B	X	B	W		W
T3	W	W	B	W		W
T4	B	W	W	W		W
…					W…w	
Tn	B	B	W	W		X

둘째, 백이 어떻게 하든 흑이 항상 이기는 전략이다. (이 전략을 T3으로 부르자.)

	S1	S2	S3	S4	…	Sn
T1	W	X	W	B		W

T2	B	B	B	W	B
T3	B	B	B	B	B
T4	W	W	B	W	X
...				...	
Tn	W	W	X	W	B

셋째, (틱택토처럼) 백과 흑이 항상 비기는 전략들의 조합이 있다.

	S1	S2	S3	S4	...	Sn
T1	W	B	X	X		W
T2	B	B	X	X		B
T3	X	X	X	X	X...	X
T4	W	W	B	X		W
...				X...		
Tn	B	B	W	X		W

체스 판이 이렇게 빤한데 사람들이 체스에 질리지 않는 이유는 뭘까? 심지어 흥미진진하기까지 하다. 왜 그럴까? 진실은 이렇다. 체스를 하거나 구경할 때 우리는 우리 눈앞에서 세 가지 경우 가운데 어느 것이 벌어지고 있는지 알지 못한다. 슈퍼컴퓨터가 최적의 전략을 찾는 세상이 올지도 모른다. 하지만 아직은 먼 이야기고, 덕분에 체스는 아직 흥미진진한 게임으로 남아 있다. '정보이론의 아버지'로 불리

는 미국의 수학자 겸 컴퓨터 과학자 클로드 섀넌Claude Shannon에 따르면 체스에는 10^{43}개 이상의 포지션이 있다고 한다. 이 숫자를 한번 실감해보시라. 10000000000000000000000000000000000000000000. 놀랍지 않은가? 컴퓨터로 체스 판에서 일어날 수 있는 모든 가능성을 따지는 것은 지금으로써는 아무리 첨단 기술을 동원한다 해도 기술 한계치를 넘는 일이라는 것이 학계의 중론이다.

나는 2012년도 세계 체스 선수권 대회 결승진출자 보리스 겔판드Boris Gelfand와 점심을 먹은 적이 있다. 내가 수년 전만 해도 나 같은 아마추어도 컴퓨터 체스 프로그램을 모두 이겼는데 지금은 컴퓨터가 나를 민망할 정도로 쉽게 이긴다고 했더니, 겔판드는 인간 선수와 컴퓨터 간의 격차가 하루가 다르게 벌어지고 있다고 했다. 오늘날의 컴퓨터 체스 프로그램은 세상에서 가장 강한 인간 선수도 쉽게 이기는 수준에 와 있다. 워낙 격차가 커서 인간 대 컴퓨터의 체스 시합은 더 이상 아무도 관심을 두지 않는다. 그랜드마스터 겔판드의 결론은 이러했다. 인간이 강력한 컴퓨터 프로그램(흔히 '엔진'이라고 부른다)을 상대로 체스를 두는 것은 인간이 회색곰grizzly bear, 북미에 서식하는 일명 '공포의 곰' 을 상대로 씨름하는 것과 같다. 결코 권할 일은 아니다.

인간 대 인간의 체스 게임이 훨씬 재미있다.

인간 그랜드마스터끼리 겨루는 우리 시대의 체스 게임에서는 가끔은 첫수를 두는 선수가 이기고, 가끔은 나중에 두는 선수가 이기고, 가끔은 게임이 무승부로 끝난다. 체스 선수들과 이론가들은 첫수를 두는 백 선수가 미미하게 유리하다고 말한다. 통계가 이 의견을 뒷받

체스는 틱택토와 거의 판박이다. 체르멜로의 정리에 따르면 체스에는 흑이 백을 항상 이기거나, 백이 흑을 항상 이기거나, 백과 흑이 항상 비기는 전략, 세 가지 선택만 있다.

침한다. 백이 이기는 경우가 55% 내외로 흑이 이기는 경우보다 살짝 많다.

만약 두 선수 모두 퍼펙트게임무실책 게임을 한다면 어떨까? 백이 항상 이길까, 아니면 무승부로 끝날까? 체스 선수들은 이 문제를 두고 오래 논쟁 중이다. 선수들은 흑이 항상 이기는 전략은 없다고 본다. 이것이 전문가들의 중론이다. 하지만 헝가리의 체스 그랜드마스터 안드라스 아도르얀Andás Adorján은 체스에서 백이 유리하다는 생각은 환상에 불과하다고 말한다.

체스에 크게 소질이 없었고, 그나마도 지금은 손 놓은 지 오래인 내게 굳이 묻는다면 내 짐작은 이렇다. 만약 두 선수가 실수 없는 게임을 한다면 게임은 (틱택토처럼) 항상 무승부로 끝난다. 컴퓨터가 가능한 모든 선택을 실시간 검사하는 날이 오면 내 무승부론이 맞는지 틀린지 밝혀지리라.

놀랍게도 과학자들은 아직도 체르멜로 정리의 진짜 의미가 무엇인지에 대한 합의에 이르지 못했다. 체르멜로의 정리는 원래 독일어로 출판되었다. 과학서나 철학서를 한 번이라도 독일어로 읽어본 독자라면(헤겔이 대표적이다) 체르멜로 정리가 모호하다는 소식이 별로 놀랍지 않을 것이다. (오늘날의 과학 언어는 영어라는 점이 여간 다행스럽지 않다.)

케인스와 미인대회

가상의 한 신문이 미인선발대회를 열었다. 참가자들은 20장의 사진 중 가장 매력적인 얼굴을 뽑아서 신문사에 보내고, 결과적으로 가장 많은 표를 받은 얼굴을 뽑은 참가자는 푸짐한 상을 받는다. 상은 해당 신문의 평생 구독권과 커피머신과 명예 훈장이다.

이 게임에서 이기려면 어떻게 해야 할까? 내가 가장 예쁘다고 생각하는 사진이 2번이라고 치자. 2번에 투표해야 할까? 내 취향을 세상에 알리고 싶다면, 그렇다. 하지만 신문 구독권과 커피머신과 훈장을 받고 싶다면, 아니다.

이런 방식의 미인대회를 만든 사람은 다름 아닌 영국의 경제학자 존 메이너드 케인스John Maynard Keynes, 1883~1946다. 케인스는 1936년의 저서 《고용, 이자, 화폐의 일반이론The General Theory of Employment, Interest and Money》 12장에서 가상의 미인대회를 언급했다. 케인스는 상을 타고 싶다면 사진을 본인 판단으로 고르기보다 참가자 대다수가 어떤 사진을 선호할지 궁리해야 한다고 말했다. 이것이 사고의 첫 단계다. 그런데 궁리는 여기서 그치지 않는다. 두 번째 단계로 넘어가서 이런 궁리에 이른다. 다른 참가자들은 남들이 어떤 사진을 선호할 거라고 생각할까? 케인스의 표현에 따르면, 우리는 '우리의 정보력을 평균적 견해average opinion에 대한 평균적 견해를 예측하는 데 바쳐야 한다'. 여기서 끝이 아니다. 다른 참가자들도 같은 추측 과정을 밟으면서 게임은 3단계, 4단계 또는 더 여러 단계로 끝없이 옮겨간다.

물론 케인스가 관심을 둔 것이 미스 영국 선발 절차는 아니었다. 그는 주식시장의 투기 심리를 미인 투표 참가자의 심리에 비유한 것이다. 그는 상황은 다르지만 두 가지 모두에서 비슷한 행동이 작용한다고 보았다. 주식투자를 할 때 그 종목이 유망해 보여서 선택한다면 그건 어리석은 행동이다. 차라리 돈을 매트리스 밑이나 예금계좌에 묻어두는 것이 더 현명하다. 주식 가치가 오르는 것은 그 종목이 유망해서가 아니라 많은 사람이 그 종목을 유망하게 보기 때문이다. 또는 많은 사람이 그 종목을 유망하게 보는 사람이 많을 거라고 생각했기 때문이다.

아마존의 주가가 좋은 예다. 2001년 아마존의 주가는 미국의 다른 서적판매상의 주가를 모두 합한 것보다도 높았다. 아마존은 수익을 올리기도 전부터 주식시장의 총아로 떠올랐다. 왜 그랬을까? 아마존이 대박 날 것으로 생각하는 사람이 많을 거라고 생각하는 사람들이 많을 거라고 많은 사람이 생각했기 때문이다.

다음에 소개하는 게임은 케인스 논리의 좋은 예다. 이 게임은 1981년 알랭 르두Alain Ledoux가 본인이 편집장으로 있는 프랑스 잡지 〈게임과 전략Jeux et Stratégie〉에 발표해서 유명해졌다.

알랭 르두의 추측 게임

방에 사람들을 모아놓고 각자 0부터 100까지 중에서 숫자 하나씩을 고르라고 한다. 게임 주최자가 선택된 숫자들을 모아 평균을 내고 거기에 0.6을 곱한다. 결과치에 가장 근접한 숫자를 고른 참가자가 상으로 벤츠를 받는다.

여러분이라면 어떤 숫자를 고르겠는가? 잠깐 궁리해보자.

선택에는 두 가지 방식이 있다. 하나는 규범적 선택이고 다른 하나는 실증적 선택이다.

규범적 선택은 참가자들을 모두 현명하고 합리적인 사람들로 가정한다. 그렇다면 선택은 0이다. 이유는 이렇다. 사람들이 숫자를 무작위로 고를 것으로 가정하면 기대되는 평균은 50이다. $50 \times 0.6 = 30$. 즉 이기려면 30을 선택해야 한다. 하지만 잠깐! 만약 모두가 같은 생각을 했다면? 그러면 평균이 30이 될 테고 따라서 18을 선택해야 한다($30 \times 0.6 = 18$). 이번에도 모두가 같은 생각을 했다면? 그러면 평균이 18이 될 테고 따라서 10.8을 선택해야 한다($18 \times 0.6 = 10.8$). 물론 이야기는 여기서 끝나지 않는다. 이 방향으로 계속 진행하면 결과치는 결국 0이 되고 만다.

0을 고르는 전략은 내시 균형(게임이론에서 가장 유명한 개념이다. 내시 균형은 다음 장에서 본격적으로 다룬다)이다. 다시 말해 모두가 0을 선택한다는 것을 알면, 나로서도 다른 선택을 할 이유가 없다.

0을 고르는 것이 규범적 권고다. 다시 말해 다른 참가자들도 모두 현명하고 합리적이라고 믿는다면 0이 합리적인 선택이다. 하지만 사람들이 다 현명하고 합리적일까? 그렇지 않으면 어떻게 해야 할까?

이 게임의 실증적 접근법은 평범한 사람들이 고르는 숫자의 분포는 추측하기가 매우 어렵다는 사실을 기반으로 한다. 이때는 심리와 직관이 수학보다 중요한 역할을 한다.

사람들이 게임 자체를 이해하지 못하는 경우도 있다. 세계적 명문 대학의 교수가 95를 고르는 것을 본 적이 있다. 교수님이 왜 그랬을까? 무슨 까닭인지는 몰라도 다른 사람들은 모두 100을 고를 거라고 믿은 걸까? 그러면 평균이 100이므로 결과치는 60이고, 남들은 다 100을 골랐으므로 95라는 이상한 선택을 한 사람이 이긴다. 하지만 95를 선택하는 것도 희한하지만 남들은 모두 100을 고를 거라고 생각하는 것은 더욱 희한하다.

한 번은 물리학 교수 한 분이 내게 자기가 100을 고른 이유를 말해주었다. 100으로 평균을 높여서 낮은 숫자를 고르는 더럽게 똑똑한 동료들을 엿 먹이고 싶어서라고 했다. "그자들도 인생이 피크닉이 아니란 걸 좀 알아야죠."

나는 이 게임을 지금껏 400번 넘게 시행했다. 그중 0이 이긴 적은 [기적의 수학 능력(?)을 가진 어린이 그룹을 대상으로 시행했을 때] 딱 한 번뿐이었다. 어떤 그룹이 전체적으로 낮은 숫자들을 선택한다면 그것은 무엇을 뜻할까? 그들이 다른 그룹들에 비해 문제를 보다 면밀히 생각했다는 뜻이고, 다른 참가자들도 자신처럼 생각할 거라고 생각했다는 뜻이다.

분명한 것은 이거다. 실험 참가자들이 숫자를 고를 때 여러 다양한 변수들이 영향을 미친다. 내가 맡았던 한 경제학 수업의 학생들이 계속해서 나쁜 성적을 냈다. 어느 날 나는 깨달았다. 학생들에게 동기부여가 부족한 거야! 게임을 할 때마다 벤츠를 상품으로 걸 능력은 없었으므로 나는 승자에게 경제학 시험점수에 5점의 가산점을 주겠다고 선포했다. 그러자 학생들의 성적이 순식간에 좋아졌다.

여러분도 친구들이 모였을 때 이 게임을 한 번 해보라. 단, 친구들에게 실망할 각오는 해두는 것이 좋다.

중매쟁이 이론

이번 장은 상당히 길다. 전설적인 내시 균형을 배우고, 그것이 중매 전략부터 암사자와 물소 떼의 대결까지 여러 상황에 어떻게 적용되는지 살핀다. 같은 수의 남녀 그룹이 있을 때 이 멤버들을 불륜 가능성이 전혀 없도록 짝 지우는 알고리즘이 노벨 경제학상을 받았다. 그 경위도 알아본다.

술집에 들어온 금발미녀

2015년 5월 23일, 노벨상에 빛나는 위대한 수학자 존 내시John Nash가 그의 아내 앨리샤와 함께 자동차 사고로 유명을 달리했다. 노르웨이에서 수학 분야의 노벨상으로 불리는 아벨 상Abel Prize을 수상하고 돌아오는 길이었다.

앞서 2001년에는 실비아 네이사Sylvia Nasar가 쓴 전기 《뷰티풀 마인드: 천재 수학자 존 내시의 일생A Beautiful Mind: The Life of Mathematical

Genius and Nobel Laureate John Nash》을 원작으로 하는 동명의 영화가 개봉했다. 영화 초반에 다음과 같은 장면이 나온다. 내시가 친구들과 함께 술집에 앉아 있는데 금발 여자 한 명과 갈색머리 여자 여러 명이 들어온다. 론 하워드Ron Howard 감독은 관객의 상황 파악 능력을 믿지 못하는지 금발 여자가 제일 예쁘고, 나머지는 그저 그렇다는 점을 친절히 짚어준다. (오해 마시라. 내 생각이 아니라 영화 내용이 그렇다는 거다.) 내시 일행은 금발 여자에게 수작을 걸려고 맘먹는다. 그런데 내시가 잠깐 생각하더니 모두를 말린다. 그리고 전략 논쟁을 시작한다. "우리 전략은 잘못됐어. 우리가 죄다 금발에게 몰려가면 서로를 방해하는 것밖에 안 돼. 여자 한 명이 남자 다섯 명을 거느리고 술집을 나서는 건 아직 사회적으로 무리야. 그것도 첫 데이트에 그건 좀 그렇지. 우리 중 누구도 낙점받지 못하고 공멸할 가능성이 높아. 금발에게 딱지 맞고 나서 다른 여자들에게 치근대봐야 역시 몽땅 딱지 놓을 게 뻔해. 누가 꿩보다 닭이 되고 싶겠어? 하지만 만약 우리 중 누구도 금발에게 가지 않는다면? 서로 방해되는 일도 없고, 다른 여자들의 심기를 건드릴 일도 없잖아? 이기는 방법은 그것뿐이야. 그게 우리 모두 오늘 밤을 뜨겁게 보낼 수 있는 유일한 방법이란 말이야."

금발 여자에게 접근하는 것은 망하는 전략이라는 내시의 주장은 친구들에게 제대로 먹혔다. 그 결과 금발 여자는 외롭게 혼자 남았고, 내시가 그녀를 얻었다. 처음부터 이게 그의 계획이었다. 자신들이 어떤 꾐수에 어떻게 넘어갔는지도 모르는 그의 친구들이 퇴짜남의 쓰라린 가슴을 부여안고 다시 술집 구석에 모여 있을 때, 내시는 미녀

존 내시는 22세에 발표한 논문 '비협력게임Non-Cooperative Games'으로 1994년 노벨 경제학상을 수상한다. 이는 훗날 내시 균형으로 불리게 된다. 사진은 영화 〈뷰티풀 마인드〉의 한 장면.

에게 접근해서 말을 건다. 그런데 작업을 거나 싶더니 갑자기 여자에게 감사를 표하고 (갑자기 떠오른 수학 아이디어 때문에?) 혼자 부리나케 사라져버린다. 영화제작진은 내시를 여자보다 공식과 방정식에 더 환장하는 괴짜 과학자로 묘사하고 싶었던 모양이다. 수학자는 섹스보다 다른 걸 더 좋아한다고 생각하는 인간들이 꽤 있다. 환장하겠다.

영화에 이 장면이 있는 이유가 있다. 게임이론에도 딱 이런 문제가 있다. 계속 읽어주기 바란다.

쌍쌍파티 전략

남자 30명과 여자 30명이 한방에 모여 있다. 방에서 나갈 때는 둘씩 짝지어 나가야 한다. 이때 참가자는 모두 이성애자고 짝짓기는 반드시 남녀 간에만 일어난다고 간주한다. 남자들은 각자 1부터 30까지 숫자가 적힌 표를 하나씩 가지고 있다. 남자들은 여자들을 둘러보고 가장 마음에 드는 여자를 고른다. 반대로 여자들이 남자들을 둘러보고 마음에 드는 남자를 고르는 방식이어도 상관없다. 어느 쪽이든 이 점을 기억하자. 게임은 게임일 뿐이다. 남자들은 자기가 고른 여자에게 자신의 번호표를 보낸다. 표를 여러 장 받은 여자는 그중 가장 마음에 드는 남자를 한 명 선택한다. 표를 한 장만 받은 여자는 표를 보낸 남자와 짝이 된다.

이상적인 세상이라면 결과는 빤하다. 남자들은 각각 다른 여자를 고르고, 여자들은 모두 각각 한 장의 표를 받고, 게임은 거기서 그렇게 행복하고 평화롭게 끝난다. 하지만 현실은 이상과 딴판이다. 내가 이 게임을 제시하면 사람들의 반응은 대충 이렇다. "아하! 무슨 일이 생길지 안 봐도 비디오네. 남자들 표는 죄다 여자 한 명에게 몰리게 돼 있어." 불편한 결론이다. 하지만 성급한 결론은 좋지 않다. 아리스토텔레스의 말처럼 진실은 항상 양극단 사이 어딘가에 있지, 딱 중간에 있는 경우는 드물다.

내가 전에 어떤 첨단기술 회사의 직원들에게 이 게임을 설명한 적이 있다. 그때 한 여자분(수학 박사 학위 소지자)이 손을 들더니, 본인은 이 게임을 매우 잘 알고 있으며 다년간 이 게임을 연구해왔다고 말했다. 이 여자분이 밝힌 연구결과는 이러했다. "평균적 상황에서(평균적 상황이 무슨 상황인지는 말한 사람만 안다) 표를 받는 여자의 수는 대략 여자 참가자 수의 제곱근(!)이다." 나는 그 공식에 대해 더는 묻지 않았다. 강의의 주도권을 놓치고 싶지 않았으니까. 하지만 이 여자분의 의견을 존중해서 짝짓기 게임에서 여자 참가자 중 다섯 명이 표를 받는다고 가정하자. 안다. 나도 안다. 30의 제곱근은 5보다 크다(약 5.477이다). 하지만 사람을 쪼갤 수는 없는 노릇 아닌가. 이때 여자 1인당 평균 득표수는 6이다. 하지만 실제로는 어떤 분포를 보일지 전혀 알 수 없다. 이제 표를 받은 여자들이 맘에 드는 남자를 골라잡고 쌍쌍이 방을 나가 커플 탄생 축하 파티가 열리는 옥상으로 올라가면 된다.

이들이 방을 떠나면, 남아 있는 25명의 남자와 25명의 여자는 같은 방식으로 게임을 이어나간다.

주의사항: 심장에 문제가 있는 독자는 아래 내용을 건너뛰시기 바란다.

우리 인간에게는 소중한 억압기제(repression mechanism, 고통스럽고 불쾌한 기억을 의식에서 축출하여 무의식에 가두어 두는 방어 과정)라는 것이 있다. 이것이 없었더라면 방에 남은 사람들은 게임 초반에 불과한 이 시점부터 이미 우울의 늪에 빠져 사람 구실 하기 힘들었을 것이다. 이때쯤 방에 남은 남자들은 자기가 진정으로 원하는 여자를 얻는 것은 물 건너갔음을 깨닫는다. 왜냐, 그 여자는 그를 원치 않았고, 아미 지금쯤 본인이 선택한 남자와 옥상에서 춤을 추고 있을 테니까. 이 기회를 빌려 간단한 심리학 강의를 하고 싶다. 간결하지만 심오한 교훈이다. 교훈은 이 한 문장으로 압축된다. '친구가 성공할 때마다 나는 조금씩 죽어간다.'

강의 끝. 방에 남겨진 여자들도 의기소침하기는 마찬가지다. 그들은 어떤 남자도 자신을 원하지 않았다는 뼈아픈 사실과 조우해야 했다. 제1지망 여자들은 지금 나 없는 옥상에서 파티에 참석하고 있다. 슬픈 현실이다. 다행히 인간에게는 훌륭한 억제 반응이 있어서 마치 아무 민망한 일이 없었던 것처럼 게임이 속행된다.

이제 남은 25명의 남자들이 각자 남은 25명의 여자들 중 한 명을 골라 자신의 표를 보낸다. 여자들 중 11명이 표를 받았다고 치자. 각자 맘에 드는 남자를 한 명씩 골라 방을 나간다. 이렇게 게임은 계속된다. 언제까지? 선수들 수가 점점 줄다가 결국 방에 아무도 남지 않을 때까지.

이로써 남녀 30쌍이 탄생했다. 여기까지는 간단명료하다. 그런데 과연 그럴까?

실상은 간단명료함과는 거리가 멀다. 이 게임의 복잡 미묘함을 실감 나게 설명하기 위해서 내가 직접 현장 속으로 들어가 보겠다. 나는 방에 들어선다. 그리고 참가자들 가운데 눈에 띄게 예쁜 여자를 발견하고 가슴이 벅차오른다. 이 여자를 A라고 부르자(안젤리나 졸리, 아드리아나 리마 또는 안나 카레니나의 약자다). 나는 A에게 반했다. 내 본능은 A에게 표를 보내는 것이 순리이며 도리라고 말한다. 그런데 과연 그럴까? 내시와 술집에 간 친구들의 슬픈 말로를 떠올려보니, 다시 생각하는 게 좋겠다는 생각이 든다. 내 눈에 예뻐 보이는 여자가 다른 남자들 눈엔들 예쁘지 않겠는가. 다시 말해 A가 내 표만 받을 가능성은 거의 없다. 오히려 30표를 모두 싹쓸이할 가능성이 높다. 따라서 내가 그녀의 낙점을 받을 가능성은 사실상 매우 희박하다. 보나마나 퇴짜 맞고 다음 라운드로 넘어갈 게 빤하다. 아니나 다를까 그렇게 된다. 다음 라운드에서 나는 제2지망이었던 여자를 고른다. 이 여자는 B라고 부르자. 내가 B의 마음을 얻을 가능성은 이번에도 역시 희박하다. 앞 라운드에서 A에게 퇴짜 맞은 남자들이 이번에는 벌떼처럼 B를 노릴 게 분명하다. 이렇게 나는 계속 밀리고 가라앉다가 종국에는 Z의 품에 안겨야 할 판이다.

좋다. 이 정도면 모두 이해했으리라 본다. 이제 나는 이 게임을 어떻게 풀어야 할까? 가장 합리적인 전략은 무엇일까? 제1지망을 덥석 선택하는 것이 너무 위험하다면 1라운드에서 현실과 좀 타협해서 제4지망인 D를 선택하는 것이 나을까?

이디시 문화에 이런 속담이 내려온다. '초반에 약간의 타협을 하지 않으면 막판에 엄청난 타협을 하게 된다.'

그래서 나는 이렇게 결심한다. D를 선택하자. 하지만 잠깐! 남들도 모두 나와 같은 계산을 하고 있다면? 그래서 우선순위에서 좀 떨어지는 여자에게 표를 보낸다면? 그 경우 우리의 안젤리나가 표를 하나도 받지 못하는 사태가 벌어질 가능성이 높다. 그런 절호의 기회를 이용하지 못한다면 나는 사람도 아니다. 영화 속 내시를 기억하자. 그는 친구들을 꼬드겨 현실과 타협하게 한 다음, 자신이 금발미녀를 가로챘다.

금쪽같은 팁: 결정하기 전에 이렇게 자문하자. 남들도 모두 나와 같은

생각이면 어떻게 될 것인가? 하지만 이것도 생각하자. 모두의 생각이 같기는 힘들다.

사실을 말하자면 상황이 대단히 흥미롭고 복잡하게 흘러갈 가능성을 배제하기 힘들다. 조니라는 청년을 제외하고 방에 모인 남자들 모두 게임이론과 의사결정학과 다중변수 최적화를 수강했다고 가정하자. 이들은 복잡한 계산을 해가며 여러 대안을 현란하게 고려하느라 바쁘다. 이들의 생각은 이렇다. "A에게 표를 보내면 안 돼. 앞서 언급했듯 A는 나를 선택하지 않을 거야. 다음 라운드로 떨려나면 상황은 계속 나빠져." 다른 남자들이 이런 궁리를 하는 동안 조니만이 독야청청하게 아무 생각이 없다. 심사숙고와 저울질이란 그의 사전에 없다. 조니는 그저 주위를 둘러보고, A를 발견하고, 저 여자가 내 여자라고 결정하고 그녀에게 표를 보낸다. 그리고 정말로 그녀를 얻는다. A의 낙점을 받아서가 아니라 그녀에게 표를 보낸 남자가 조니뿐이었기 때문에. (우리가 가끔씩 목격하는 생뚱맞은 커플들은 보통 이렇게 탄생한다.)

그렇다. 결과적으로 조니가 A를 얻었다. 생각이 짧았던 덕분에. 기업 중역 대상 워크숍에서 나는 종종 이 게임의 경제학적 버전을 시행한다. 이때도 가장 아둔한 선수(내가 직접 이 역을 맡는다)가 영리한 선수들(중역들)과 경쟁해서 가장 높은 이윤을 낼 때가 많다.

내시 균형과 암사자

이제 내시 균형을 말할 때가 된 것 같다. 내시 균형은 게임이론에서 가장 일반적으로 사용하는 균형 개념이다. 현대의 게임이론은 내시 균형 이론이라 해도 과언이 아닐 정도다. 내시 균형을 살짝 애매하게 정의하면 다음과 같다. (가끔은 약간의 애매함이 장광설을 면하게 해준다.)

내시 균형이란 선수들이 자신의 결정에만 관여할 수 있을 때, 선수 중 누구도 현재의 전략을 바꿀 필요가 없는 상황(전략을 바꿔봐야 아무 이득도 되지 않는 상황)을 말한다.

이렇게 표현할 수도 있다.

내시 균형이란 선수들이 자신의 결정에만 관여할 수 있을 때, 설사 상대 선수들의 전략을 미리 안다 해도 어느 누구도 바꾸려 하지 않을 전략들의 집합이다.

또는 이렇게 표현할 수도 있다.

내시 균형이란 상대의 전략에 대응하는 나의 최적 전략과 나의 전략에 대응하는 상대의 최적 전략이 일치하는 경우를 말한다.

예를 들어 쌍쌍파티 게임에서 타협 전략은 내시 균형이 아니다. 만약 모든 선수가 타협 전략을 취하면 나는 그러면 안 된다. 나는 반대로 A에게 표를 보내야 한다.

나의 지적인 독자들이여, 여러분이 이미 간파했다시피, 모든 선수가 A에게 표를 보내는 돌직구 전략 또한 내시 균형이 될 수 없다. 이유는 여러분도 잘 안다.

그럼 친구들과 저녁을 먹고 돈을 나누어 내는 상황에서는 어떨까? 싼 음식을 주문하는 것이 내시 균형일까? 아니면 비싼 음식을 주문하는 것이? 모두가 메뉴에서 최고가의 음식을 시키면 어떻게 될까? 그것이 내시 균형일까? 마음속에 답이 분명해질 때까지 찬찬히 생각해보자.

내시 균형 개념을 이해하는 데 효과적인 사례가 또 있다. 이번 사례는 동물의 왕국에서 일어난 일이다. 동물의 행동은 어쩐지 예측 가능해 보인다. 어쨌거나 동물은 늘 본능에 따라 합리적으로 행동하니까. 물론 인간이라는 동물만 빼고. 인간처럼 자주 비이성적으로 행동하는 동물은 없다. 인간 행동 분석이 말 없는 비인간동물의 행동을 파악하는 것보다 더 어려운 것은 그래서다.

이번 사례는 내가 미국 케이블방송 사이언스채널에서 우연히 본 장면이다. 암사자 한 마리가 백 마리쯤 되는 버펄로 떼를 습격하는 장면이었는데, 놀랍게도 버펄로 떼는 일심동체로 꽁지 빠지게 달아났다. 머리가 있는 사람이면 누구라도 이런 의문이 든다. 왜 도망가지? 버펄로 백 마리는 암사자 한 마리보다 강하다. 그건 의심의 여지가 없다. 버펄로들은 그저 모두, 다함께, 일제히 돌아서서 사자를 향해 질주하기만 하면 된다. 그러면 사자는 눈 깜짝할 사이에 카펫처럼 납작해지고 만다.

그런데 버펄로 떼는 그러지 않았다. 왜? 나는 궁금했다. 그러다 내시가 생각났다. 암사자에게서 달아나는 것은 내시 균형의 완벽한 예다. 왜냐고? 설명하겠다. 모든 버펄로가 삼십육계를 놓을 때 그중 한 마리(이 버펄로를 조지라고 부르자)가 이렇게 생각한다고 치자. "어라? 사이언스채널에서 찍고 있네? 시청률도 꽤 나오는 채널인데 (조지는 초원에 사는 버펄로라서 시청률에 대해 잘 모른다) 도망가는 건 좀 모양 빠지잖아? 나중에 손자들이 볼지도 모르는데 말이야." (조지가 나와 일말의 공통점이 있다면 엄마가 보고 있을지 모른다는 걱정도 했을 거다.) 그래서 우리의 조지는 몸을 돌린다. 그리고 어슬렁대며 다가오는 암사자에게 돌진하기로 맘먹는다. 조지는 현명하고 옳은 결정을 한 걸까? 절대 아니다. 잘못된 결정이다. 잘못된 결정일 뿐 아니라 조지의 살아생전 마지막 결정이 된다. 물론 암사자는 처음에는 자신의 스테이크가 제 발로 접시로 돌진하는 것을 보고 적잖이 놀란다. 하지만 암사자는 금세 충격에서 벗어나고, 조지는 순식간에 세상을 흔적도 없이 하직한다. 버펄로 떼 전체가 암사자에게서 달아날 때 최선의 전략은 나도 같이 달아나는 것이다. 이 전략은 결코 바뀔 수 없다! 따라서 이 경우는 도망이 내시 균형이다. 버펄로들은 이걸 아는 거다. 본능적으로.

이번에는 버펄로 떼의 역습을 가정해보자. 역습 동참은 내시 균형이 될 수 없다. 버펄로 떼가 대반격에 나설 것을 미리 안다고 치자. 이때는 거기 동참하지 않고 혼자 내빼는 버펄로가 단연 이득이다. 생각해보라. 아무리 버펄로가 떼로 한꺼번에 암사자를 공격한다 해도, 적어도 몇 마리는 다치거나 더한 꼴을 당할 위험을 감수해야 한다. 대반격이 시작되는 순간 버펄로 헨리는 동료들에게 이렇게 외친다. "어이, 나 운동화 끈이 풀어져서 말이야, 이번 공격에는 참여하지 못할 것 같아! 나는 상관 말고 얼른들 가!" 모험을 하지 않은 헨리만 이득이다.

사자가 따라올 때 버펄로 입장에서는 객기 부리지 않고 달아나는 것이 내시 균형이다. 각자 자신의 결정에만 관여할 수 있을 때, 모두가 도망갈 때는 나도 도망가는 것이 이득이다. 실제로 동물의 세계는 대개 이렇게 움직인다. 한편 암사자를 반격하는 것은 내시 균형이 아니다. 모두가 공격에 나설 때, 내게는 그때가 운동화 끈을 고쳐 묶을 절호의 기회이다. 대자연에서 역습 전략을 목격하기 힘든 건 이런 이유에서다.

테러리스트 한 명 또는 두세 명이 승객 수백 명이 탄 비행기를 공중 납치하는 상황은 어떨까? 그때도 비슷한 일이 일어날까?

제2차 세계대전 자료화면에 단골로 등장하는 것이 있다. 눈보라 속에 끝도 없이 줄지어 끌려가는 독일 전쟁포로의 모습이다. 이들을 지키는 건 지쳐빠진 소비에트 적군赤軍 병사 두어 명뿐이다. 독일인들은 어째서 간수들을 공격하지 않을까? 나는 볼 때마다 궁금했다. 러시아 병사들이 독일 포로들에게 간수를 공격하는 짓은 내시 균형에 저촉되는 소행이라고 가르치기라도 한 걸까? 물론 이때는 존 내시가 아직 내시 균형을 발견하기 전이지만. (이 점을 기억하자. 대화가 금지된 상태에서 포로들 각각은 오로지 자기 자신의 결정에만 관여할 수 있다.)

내시 균형이 위대한 이유는 세상의 많은 게임이 시작점은 각기 달라도 결국에는 내시 균형점에서 끝난다는 것이다. 이 말은 어떤 면에서는 내시 균형의 정의 자체와 크게 다르지 않다. 내시 균형은 일단 도달되면 선수들 사이에 오랫동안 유지되는 일종의 안정적 상황이다. 물론 외부의 개입이 없고 다른 선수들이 영향 받지 않을 때만 해당된다.

그럼 버펄로 무리와 딴판으로 행동하는 하이에나 무리는 어떻게 이해해야 할까? 하이에나 무리는 혼자 있는 사자처럼 크고 강한 동물을 공격하는 경우가 종종 있다. 혼자 있는 사자를 공격해봤자 하이에나에게는 득 될 게 없다. 집단 결정일 때나 유리하다. 더구나 하이에나 각자의 입장에서는, 즉 개별 하이에나의 단독 결정 상황에서는 뛰는 척하다 운동화 끈을 고쳐 매는 편이 훨씬 유리하다. 그런데도 하이에나 무리는 왜, 그리고 어떻게 서로를 배신하지 않고 사자를 협공하는 걸까? 이 딜레마가 나를 괴롭혔다. 하이에나 무리는 내시에 대해서는 들어본 적조차 없는 것처럼 행동했다. 동물이 무지해도 그렇게 무지할 수 있나?

이번에도 사이언스채널이 내게 답을 주었다. 나는 한 다큐멘터리에서 하이에나 무리가 사냥에 나서기 전 둥글게 모여서 한 가지 동작으로 몸을 흔들며 시끄럽게 울부짖는 것을 보았다. 인간 농구팀이 하는 짓과 비슷했다. 하이에나 무리는 이렇게 집단 황홀경을 유도해서 입에 거품을 문 채로 공격을 개시한다. 말하자면 배신 전략이 불가능한 상황에서만 협공에 나서는 것이다. 무언가에 무아지경으로 도취되어 있을 때는 동료를 배신할 수 없다. 이것은 사실이다. 원시부족의 수렵무용과 전투무용도 이런 맥락에서 발생했다고 한다. 한 무리의 사람들이 코끼리를, 심지어 매머드처럼 무서운 동물을 사냥하려면 일단 의식 속에 한 가지 목적만이 존재하는 집단 최면에 빠져야 한다. 그렇지 않으면 각자 자기 위주로 생각하는 것이 인지상정이다. "뭐래? 매머드? 난장판 될 게 빤한데 거기다 화살 쏘고 창 던져서 뭐 하게? 다 부질없어." 하지만 모두가 이렇게 생각하면 기름진 매머드를 사냥하는 것은 영영 불가능하고, 단체로 굶어 죽을 가능성만 농후해진다. 인간은 생존을 위해 협력할 필요가 있다. 그래서 하이에나 무리처럼 둥글게 모여 손에 창을 들고 춤을 추며 황홀경에 빠지는 과정을 거쳐 사냥에 나선다.

하지만 간과해선 안 될 것이 있다. 인간세계는 물론이고 동물의 왕국에서도 눈에 보이는 것이 다가 아닐 때가 많다. 이 점을 잊지 말자. 2008년 유튜브에서 가장 인기 많았던 영상물 중 하나가 '크루거 전투Battle in Kruger'였다. 남아프리카공화국 크루거 국립공원의 야생동물 보호구역에서 사파리 관람을 하던 사람이 아프리카 사자들이 새끼 버펄로를 사냥하는 장면을 찍은 동영상이었다. 새끼 버펄로를 무리에서 떼어놓는 데 성공한 사자들이 새끼 버펄로를 물가로 몰고 갔다. 이제 사자들에게 남은 것은 포식뿐인 듯했다. 그런데 사자들이 새끼 버펄로를 덮치려는 순간 갑자기 강에서 악어 한 마리가 튀어나와 불쌍한 버펄로를 물고 들어간다. 사자들은 다 잡은 먹잇감을 놓칠세라 맹렬히 반격해서 결국 새끼 버펄로를 빼앗는다. 그런데 이때, 지축을 울리는 소리와 함께 도망갔던 버펄로 떼가 돌아오는 것이 아닌가(!). 버펄로 떼가 사자들을 맹공격해 쫓아버리고, 새끼 버펄로를 극적으로 구출해내면서 사건은 (버펄로 입장에서) 해피엔딩으로 끝난다.

이 사건은 어떻게 이해해야 하나? 나는 모르겠다. 버펄로는 기자회견을 하지 않는다.

어쨌거나 만고의 진리는 (특히 이 책을 읽는 여러분에게 드리고 싶은 조언은) 다음과 같다.

세상사는 겉으로 보이는 것보다 복잡하다. 그리고 이 문장을 이해했다고 생각한다고 해서 정말로 이해한 것도 아니다.

쌍쌍파티 문제로 돌아가 보자. 파트너 선정 게임에 임하는 사람들이 저마다 던져야 할 질문은 이것이다. 내 목표는 무엇인가? 내가 이 게임에서 얻고자 하는 것은 무엇인가? 파트너 선정 게임뿐이 아니다. 이것이 세상 모든 게임에 대한 핵심 질문이다.

전략을 정하기 전에 목표부터 정확히 아는 것이 관건이다. 목표 설정 없이 무작정 게임부터 시작하고 보는 사람들이 많다. 〈이상한 나라의 앨리스〉에서 체셔 고양이가 앨리스에게 한 말을 기억하자. "딱히 가고 싶은 데가 없다면야 어느 길로 가든 상관없지." 목적지가 있어야 길을 고를 수 있다. 전략을 선택할 때도 가장 중요한 것은 목표다. 예를 들어 파트너 선정 게임의 한 참가자가 '모 아니면 도'의 원칙을 고수한다고 치자. 다시 말해 이 사람은 누가 뭐래도 A와 짝이 되겠다는 사람이다. 이 남자가 택할 전략은 명백하다. 안젤리나에게 번호표를 보내놓고 열심히 기도하는 것. 이게 유일한 전략이다. 다른 대안은 없다. 번호표를 A에게 보내지 않으면 그녀와 맺어질 방법은 없다. 목표 달성의 가능성은 없다.

이런 효용함수utility function*를 가진 선수는 기꺼이 위험을 무릅쓴다. 이와 반대로, Z와 짝이 되는 것만은 면하자는 것이 목표인 선수(위험 회피 선수)도 있다. 이런 선수의 최적 전략도 명백하다. 욕망의 명단에서 Y양이 Z양보다 살짝 위에 있다고 치자. 위험 회피 선수는 Y에게 표를 보내는 걸로 게임을 시작해야 한다. 즉 1라운드에서 Y에게 표를 보내야 한다. 하지만 언제나 그렇듯 세상사는 보기보다 복잡하다. 효용함수가 'Z만 아니면 된다'인 선수가 많다면? 그 경우 Y가 기대하지 않았던 무더기 표를 받게 된다. (그녀는 자신이 별안간 퀸카로 등극한 영문을 알지 못한다.)

이 게임을 풀어나갈 방법도 애매하지만 게임의 기본적 가정basic assumptions을 말로 나타내기도 쉽지 않다. 남자의 여자 취향은 어떻게 분포할까? 남자들이 선호도에 따라 여자들의 순위를 매긴다고 할 때, 두 가지 극단적인 경우는 이렇다. 남자들의 순위표가 모두 완벽히 일치하거나, 남자들의 순위표가 뒤죽박죽으로 몽땅 다르거나. 물론 두 가지 가정 모두 비현실적이다. 실제 분포는 그 사이 어딘가에 있다. 여기에 남자들의 자존심은 어떤 변수가 될까? 남자들의 위험 감수 수

* 재화/서비스가 주는 만족감에 대한 개인의 평가를 효용이라고 하고, 재화/서비스의 양과 효용과의 대응관계를 효용함수라고 한다. 이 함수에 따라, 일어날 수 있는 모든 결과에 효용이라는 이름의 수치가 부여되고, 만족도(선호도)가 높은 결과일수록 수치가 커진다. 같은 재화/서비스라도 사람에 따라 효용함수가 달라진다.

준은 또 어떻게 분포할 것인가? 간단히 말해서 이 게임을 수학적으로 푸는 것은 시도조차 어렵다. 그전에 해결해야 할 문제와 미지수가 너무나 많다.

성경에 의하면 하느님은 온 세상을 여유롭게 단 7일 만에 창조했다. 그리고 유대 전승에 따르면 그날 이후 지금껏 하느님은 피조물들을 짝지어주느라 눈코 뜰 새 없이 바쁘다고 한다. 모두에게 만족스러운 짝짓기가 과연 가능하기는 할까? 신의 섭리가 따라준다면 한줄기 희망의 빛을 기대할 수는 있다.

'안정적 결혼' 문제 – 원앙부부와 불륜과 노벨상에 대하여

중매쟁이의 고뇌

결혼중매업자 조이에게는 200명의 고객이 있다. 100명은 남자, 100명은 여자다. 여자 고객은 각자 남자 고객 100명을 대상으로 선호도에 따라 순위를 매겨 조이에게 제출한다. 명단의 맨 위에는 완벽한 왕자님이 있고, 호감도가 차츰 떨어져 맨 아래 100등(꼴등) 자리에는 최악의 기피남이 있다. 조이의 남자 고객 100명도 마찬가지로 여자 고객 100명에게 순위를 매긴다.

조이는 이 선호도 조사 결과를 바탕으로 남녀 고객을 쌍쌍이 맺어줘야 한다. 어떻게 맺어줘야 이들이 결혼에 골인하고 가정을 이루고 오래오래 (나름) 행복하게 살 수 있을까? 당연한 말이지만 고객 중 일부는 자신의 제1지망과 맺어지지 못한다. 같은 남자를 여러 여자가 제1지망으로 찍었다면 누군가는 고배를 마셔야 한다. 여러 여자에게

제1지망으로 뽑힌 남자도 없고, 여러 남자에게 제1지망으로 뽑힌 여자도 없다 치자. 그렇다 해도 이들에게 행복이 보장되는 것은 아니다.

다음의 경우를 생각해보자. (편의상 남자 셋과 여자 셋을 예로 든다.)

남자들의 선호도
론: 니나, 지나, 요코
존: 지나, 요코, 니나
폴: 요코, 니나, 지나

여자들의 선호도
니나: 존, 폴, 론
지나: 폴, 론, 존
요코: 론, 존, 폴

이 예시에서는 남자마다 좋아하는 여자가 다르고, 여자들도 좋아하는 남자가 각기 다르다. 하지만 서로 눈이 맞은 천생연분이 없을 뿐 아니라 불행의 소지가 다분하다. 왜 그런지는 여러분도 대충 감 잡았으리라 본다.

장래의 배우자들은 서로가 서로의 제1지망이어야 더 없이 행복할 수 있다. 예를 들어 폴이 지나를 열렬히 사랑하고 지나도 폴을 열렬히 사랑하고, 니나가 론에게 환장하고 론도 니나에게 환장하고, 존이 요코의 백마 탄 왕자님이고 요코도 존에게 꿈의 여신이어야 한다. 그런 경우라면 다음과 같은 선호도 표가 나올 수 있다.

만약 세 남자가 모두 한 여자를 좋아하면?

이럴 때 조이는 어떻게 해야 할까?
또 세 여자가 모두 똑같은 명단을 제출한다면?

조이는 머리가 빠개진다….

이제 열 명의 여자와 열 명의 남자가 있다고 가정하자. 어떤 편이 더 나을까? 되도록 많은 사람을 제1지망, 적어도 제2지망과 맺어주는 거? 아니면 가장 싫은 상대와 맺어지는 사람을 최소화하는 거?

이 질문에 분명한 답은 없다.

그러나 조이는 현실주의자다. 그녀는 모두가 행복한 세상이란 애초에 존재하지 않는다는 것을 잘 안다. 그래서 목표를 소박하게 잡는다. 그녀의 목표는 자신이 맺어준 부부들이 바람피우지 않고 결혼을 안정적으로 유지하는 것이다.

이 목표는 현실적으로 무엇을 의미할까? 일단, 바람을 방지하려면 맘에 둔 상대가 엇갈려 배치된 부부들이 발생하지 않게 조치해야 한다. 폴과 니나 부부, 론과 지나 부부를 예로 들어 생각해보자. 폴은 아내 니나보다 지나를 좋아하고, 지나도 남편 론보다 폴을 좋아한다. 이런 조합은 바람이 나서 깨지는 불상사를 피하기 어렵다. 여기서 주목할 점이 있다. 폴이 아내보다 지나를 좋아한다고 해도, 지나가 폴이 아니라 남편을 사랑하는 한, 문제가 없다. 지나가 폴의 접근을 거부할 테니까.

만약 폴이 아내 니나보다 지나를 좋아하고 지나도 남편 론보다 폴을 좋아하는데, 마침 론도 지나보다 니나를 좋아하고 니나도 폴보다 론을 좋아한다면? 이때도 문제는 쉽게 해결된다. 기존 부부관계(폴과 니나, 론과 지나)를 깨고, 짝을 바꿔서 새로운 부부관계(론과 니나, 폴과 지나)를 만들면 된다. 그러면 네 사람 모두 행복해진다.

안정적 결혼 알고리즘

'안정적 결혼The Stable Marriage' 알고리즘은 게일-섀플리 알고리즘으로 불린다. 미국 수학자이자 2012년도 노벨 경제학상 수상자인 로이드 섀플리Lloyd Shapley와 역시 미국 수학자이자 경제학자인 데이비드 게일(앞서 4장에서 말했다시피 땅따먹기 게임의 초콜릿과 독약 버전의 창안자다) 이 1962년 안정적 짝짓기 문제를 제시하고 그 문제를 풀 수 있는 알고리즘을 밝혔다. 이들의 논문은 동수의 남녀 그룹이 있을 때 이들을 아무도 바람나지 않도록 짝 지우는 방법을 보여준다. 이때 기억할 점이 있다. 게일-섀플리 알고리즘은 행복을 보장하지 않는다. 안정성만 보장한다. 다시 말해 니나가 존에게 반했으면서도 결혼은 폴과 하는 상황이 다분히 가능하다. 다만 이 경우 게일-섀플리 알고리즘은 존이 니나보다 아내를 더 사랑하는 상황을 보장해서 바람이 나는 것을 방지한다. 그렇다고 존이 행복한 결혼을 했다는 뜻은 아니다. 그도 다른 여자를 꿈꾸고 있을 수 있다. 다만 그 경우에도 게일-섀플리 알고리즘은 꿈속의 여인이 존보다 자기 남편을 선호하는 상황을 만들어 바람을 방지한다.

게일-섀플리 알고리즘은 아주 간단하다. 알고리즘의 반복 횟수(라운드 수)도 유한하다. 네 명의 남자(브래드 피트, 조지 클루니, 러셀 크로우, 대니 드비토)와 네 명의 여자(스칼렛 요핸슨, 리한나, 키이라 나이틀리, 아드리아나 리마)를 예로 들어 설명해보자. 남녀의 수는 상관없다. 남녀 동수이기만 하면 된다. 몇 명이든 게일-섀플리 알고리즘의 작동원리는 같다.

남자들의 선호도가 다음과 같다고 가정하자.

	1	2	3	4
브래드	스칼렛	키이라	아드리아나	리한나
조지	아드리아나	리한나	스칼렛	키이라
대니	리한나	스칼렛	아드리아나	키이라
러셀	스칼렛	아드리아나	키이라	리한나

여자들의 선호도는 다음과 같다.

	1	2	3	4
스칼렛	브래드	러셀	조지	대니
아드리아나	러셀	브래드	대니	조지
리한나	브래드	러셀	조지	대니
키이라	브래드	러셀	대니	조지

알고리즘을 설명하는 대신 이것을 실제상황에 대입해보자.

1라운드에서 남자들은 각자 가장 선호하는 여자에게 구애한다. 브래드와 러셀은 스칼렛에게 대시하고, 대니는 리한나에게 고백하고, 조지는 아드리아나에게 전화한다.

두 명 이상에게 구애를 받은 여자는 그중 가장 선호하는 남자를 고른다. 한 명에게 구애를 받으면 그 남자와 짝이 된다. 누구에게도 구애를 받지 못하면 이번 라운드에 짝 없이 남는다. 스칼렛의 명단에서 브래드가 러셀보다 순위가 높다. 따라서 스칼렛은 브래드를 선택한다.

지금까지 나온 조합은 다음과 같다. 기억하자. 아직은 잠정적 상태에 불과하다. 약혼했을 뿐이지 아직 결혼한 건 아니다.

브래드–스칼렛, 조지–아드리아나, 대니–리한나

다음 라운드에서는 짝이 없는 남자가 자신을 거절한 적 없는 여자 중에 가장 선호하는 여자에게 구애한다. 1라운드에서 짝을 찾지 못한 남자는 러셀뿐이다(얄궂게도 러셀은 영화 〈뷰티풀 마인드〉에서 주인공 존 F. 내시 교수를 연기했다). 러셀은 아드리아나에게 구애한다. 마침 아드리아나는 현재의 짝 조지보다 러셀을 더 좋아하므로, 조지와의 약혼을 전격 취소하고 러셀과 약혼을 발표한다. 지금까지의 조합은 다음과 같다.

브래드–스칼렛, 러셀–아드리아나, 대니–리한나

이제 조지가 유일하게 짝 없는 기러기가 되었다. (한자성어로는 화무십일홍. 라틴어로는 '세상의 영광은 이렇게 지나간다 Sic transit gloria mundi.') 이번 라운드에서 조지는 리한나에게 구애한다. 조지는 리한나의 명단에서 대니보다 순위가 높다. 키도 좀 더 크다. 리한나는 대니를 차버리고 조지의 구애를 받아들인다. 상황은 이렇게 변했다.

이제는 명배우 대니 드비토가 홀로 남겨졌다. 그는 스칼렛에게 전화해보지만 그녀는 현재의 짝 브래드와 더없이 행복하다. 이번 라운드에서는 아무런 변화도 일어나지 않는다. 다음 라운드에서 대니는 큰맘 먹고 아드리아나에게 들이댄다. 하지만 그녀도 현재의 짝 러셀과 깨 볶는 중이다. 우울한 건 물론이고 몹시 절박해진 대니는 할 수 없이 키이라에게 패를 던진다. 키이라는 그를 두 팔 벌려 환영한다. 키이라는 너무 오래 혼자 있었던 터라 대니라도 감지덕지다.

게일-섀플리 알고리즘은 이렇게 남자들이 구애하고 여자들이 구애받는 라운드를 반복하다가 모든 남자가 짝을 찾으면 종료된다. (남녀의 수가 같으므로 같은 단계에서 여자들도 모두 짝을 찾게 된다.) 이로써 최종 결과는 다음과 같다.

그리고 이들은 모두 언제까지나 행복하게 (또는 적어도 아주 안정적으로) 산다.

게일-섀플리 알고리즘으로 맺어진 관계가 안정적이라는 건 납득이 간다. 하지만 의혹을 말끔히 해소하려면 증명이 필요하다. 논리적 분석과 증명을 그다지 좋아하지 않거나 게일-섀플리 알고리즘의 완벽한 작동을 믿어 의심치 않는 독자들은 다음 내용을 건너뛰어도 무방하다.

남아 있는 여러분께 감사하며 증명을 시작한다.

증명은 세 단계로 구성된다. (1) 이 알고리즘에는 끝이 있다. (2) 모두가 맺어진다. (3) 모든 결혼은 안정적이다.

1. 이 알고리즘은 무한정 진행할 수 없다. 유한한 횟수 후에 반드시 종료한다. 최악의 경우는 모든 남자가 모든 여자에게 돌아가며 구애하는 경우다. 이때도 오래 걸려서 그렇지 끝은 난다.

2. 약혼한 남자의 수는 항상 약혼한 여자의 수와 같다. 또한 여자는 일단 약혼하면 (약혼자가 바뀔 수는 있지만) 약혼 상태를 쭉 유지한다. 또한 남자는 아직 자신을 거절한 적 없는 여자 중 가장 선호하는 여자에게 구애하므로, 과정의 끝에서 짝 없이 남는 사람이 있을 수도 없다. 예를 들어 론이 니나를 선호도 명단에 적으면(설사 명단의 맨 끝에 적는다 해도), 니나를 원하는 남자가 아무도 없으면 결국에는 론이 니나와 맺어지게 된다. 따라서 이 알고리즘은 전원 결혼을 보장한다.

3. 이 알고리즘이 결혼의 안정성도 보장할까? 그렇다. 이 알고리즘에 따라 존과 요코와 맺어지고, 폴과 니나가 맺어졌다고 치자. 이때 요코는 폴을, 폴은 요코를 각자의 배우자보다 더 좋아하는 상황이 가능할까? 가능하다면 이들의 결혼이 깨지는 건 시간문제다. 이런 상황이 가능하다고 가정하는 순간 우리는 당장 논리적 모순에 직면하고, 역으로 이런 상황은 불가능하다는 뜻이 된다.

불안정한 결혼을 한번 가정해보자. 예컨대 존과 요코, 폴과 니나는 부부다. 하지만 요코는 폴을, 폴은 요코를 각자의 배우자보다 더 좋아한다. 그렇다면 애초에 이 알고리즘에 따라 짝짓기를 할 때 폴은 니나에게 구애하기 전에 요코에게 먼저 구애했어야 한다. (폴의 선호도 명단에서 요코가 니나보다 상위에 있었을 게 아닌가.) 이때 발생 가능한 일은 두 가지다. (a) 요코가 폴의 구애를 받아들인다. (b) 요코가 폴의 구애를 거절한다.

(a)라면, 어째서 요코는 현재 폴과 살고 있지 않나? 요코가 결과적으로 폴을 버리고 폴보다 좋은 남자 – 존 또는 다른 남자 – 를 선택했기 때문이다. 요코가 현재 존과 살고 있다는 건 어쨌거나 요코의 명단에서 존이 폴보다 상위에 있었다는 증거다. 따라서 논리적 모순이 발생한다. (b)라면, 요코가 이미 폴보다 좋은 남자 – 존 또는 다른 남자 – 를 선택했기 때문이다. 요코가 현재 존과 살고 있다는 건 어쨌거나 요코의 명단에서 존이 폴보다 상위에 있었다는 증거고, 따라서 이번에도 애초의 가정은 모순이 된다.

요약하면 이렇다. 게일-섀플리 알고리즘에는 끝이 있고, 모두가 배우자를 얻게 되고, 조합은 안정적이다.

만약 여자들이 각자의 선호도에 따라 남자를 선택하는 방식이면 어떻게 될까? 아까의 남녀 배우들 사례로 다시 해보라. 먼젓번과 똑같은 결과(똑같은 부부들)가 나온다. 이 사례에서는 서로가 서로의 제1지망이었던 (천생연분) 부부가 딱 한 쌍이기 때문이다.

물론 세상일이 다 이렇지는 않다. 현실에서는 천생연분이 여러 쌍 있을 수 있다. 그 경우 여자가 선택하면 남자가 선택할 때와 다른 결과가 나온다.

> "사랑에 있어서 나쁜 선택 운운해봤자 부질없다. 선택하는 순간 이미
> 일은 틀어질 수밖에 없다."
>
> – 마르셀 프루스트Marcel Proust

사랑과 전쟁 : 2라운드

이번 장에서 처음 썼던 예시로 돌아가 보자. 남녀 그룹의 선호도는 이렇다.

남자들의 선호도
론: 니나, 지나, 요코
존: 지나, 요코, 니나
폴: 요코, 니나, 지나

다들 눈치챘겠지만 이 경우는 1라운드 만에 게임이 끝난다. 남자들이 각자의 제1지망에 구애하면 다음과 같은 조합이 나온다. 론-니나, 존-지나, 폴-요코. 끝. 깔끔하다. 그리고 모두 안정적이다. 남자들은 모두 꿈의 여인을 얻었다. 남자들에게는 이 조합이 더없이 이상적이다. 하지만 여자들은 모두 최악의 남자와 짝이 되었다. 행복할 리가 없다.

여자들이 먼저 선택해보자. 1라운드에서 다음과 같은 결과가 나온다. 요코-론, 지나-폴, 니나-존. 이때도 안정적이지만 불공평하다. 여자들은 각자 가장 선호하는 남자를 얻었지만, 남자들은 최악의 여자와 평생을 보내야 한다.

따라서 이 게임은 1라운드에서 먼저 구애하는 쪽이 유리하다.

(그런데 이 경우 또 다른 안정적 조합이 가능하다. 니나-폴, 지나-론, 요코-존. 안정성은 여러분이 각자 따져보기 바란다. 다시 말하지만 안정성이란 바람이 나지 않을 조합을 말한다.)

축구팀 숙소에서 있었던 일

게일-새플리 알고리즘은 복잡하지 않다. 하지만 만능열쇠도 아니다.

사실 남녀 간의 짝짓기는 속마음과 달리 '어장관리'를 하거나 막판에 차라리 혼자 남는 편을 선택하는 등 변수가 많아서 이 알고리즘이 곧이곧대로 적용되기 어렵다. 이쯤에서 남녀 구도를 벗어나 보자. 축구선수 네 명이 다음날 중요한 경기를 앞두고 오늘밤 둘씩 한방에서 자야 한다. 코치는 이들이 싸우지 않고 사이좋게 지낼 안정적 조합을 강구해야 한다. 가능할까?

다음 표는 선수들의 룸메이트 선호도를 보여준다.

	1	2	3
호나우두	메시	마라도나	펠레
메시	펠레	호나우두	마라도나
마라도나	호나우두	메시	펠레
펠레	호나우두	메시	마라도나

한번 확인해보자. 이 경우 어떤 조합도 안정적이지 않다는 것을 알게 된다.

노벨상 수상자는…

게일-섀플리 알고리즘은 실생활에 다양하게 활용된다. 대표적인 경우가 의대 졸업생들을 병원에 인턴으로 배정할 때다. 지원자는 가고 싶은 병원의 순위를 매기고 병원은 원하는 인턴의 순위를 매겨 안정적 결혼 알고리즘을 이용한 컴퓨터 배정 프로그램을 돌린다. 대개는 병원이 갑이 되어 최초 제안자(1라운드 구애자)의 유리한 고지에 선다. (이 문제 때문에 진행 중인 소송이 여러 건 되는 걸로 알고 있다.) 유저를 인터넷 서비스 서버에 배정할 때도 안정적 결혼 알고리즘이 유용하게 쓰인다.

2012년, 앨빈 E. 로스Alvin E. Roth는 게일-섀플리 알고리즘에 기반을 둔 '안정적 배분 이론을 시장 설계에 응용'한 공로로 섀플리와 함께 노벨 경제학상을 공동 수상했다.

게일은 2008년에 작고하는 바람에 노벨상을 받지 못했다. 로스는 게일-섀플리 알고리즘을 발전적으로 응용한 여러 획기적 연구로 사회에 기여했다. 공립학교 학생 배정 프로그램에 이 기법을 적용해 원치 않는 학교에 진학하는 학생 수를 대폭 줄였고, 장기 기증자와 수혜자를 연결하는 시스템을 개발했으며, 나아가 뉴잉글랜드 신장 교환이식 프로그램New England Program for Kidney Exchange을 설립했다.

검투사 게임

내가 애용하는 게임 중 하나가 검투사 게임The Gladiators Game이다. 확률이나 게임이론을 가르칠 때마다 써먹는다. 계산이 복잡해서 대개는 진짜 열혈 수학광들에게만 권한다.

　게임 내용은 이렇다. 두 팀의 검투사단이 있다. A팀(아테네 팀)과 B팀(이방인 팀). A팀은 20명의 검투사로 구성되어 있고, B팀은 30명으로 구성되어 있다고 치자. 각각의 검투사에게는 고유번호가 있다. 고유번호는 양의 정수다. 음수나 분수가 아니라는 뜻이다. 고유번호는 해당 검투사의 힘(이해하기 쉽게 해당 검투사가 들어 올릴 수 있는 킬로그램 수라고 하자)을 나타낸다. 검투사들은 둘씩 맞붙어 싸운다. 각자의 이길 확률은 다음과 같다. 힘이 100인 검투사가 힘이 150인 검투사와 싸워서 이길 확률은 (100) ÷ (100 + 150)이다. 당연한 말이지만 힘이 강할수록 이길 가능성도 높다. 힘이 대등한 검투사끼리 붙을 경우 이길 확률은 각각 50%이고, 역시 당연한 말이지만 검투사 간의 격차가 클수록 강자가 이길 승산이 크다.

　각 팀에는 코치가 있어서 검투사들의 출전 순서를 결정한다. 한 번

정한 순서는 바꿀 수 없다. 가장 강한 선수를 가장 먼저 출전시키든 맨 나중에 내보내든 그건 코치 마음이다. 결투에서 이긴 검투사는 줄 끝으로 돌아가 다시 자기 차례를 기다린다. 가장 강한 검투사가 매번 나갈 수는 없다. 결투에서 패한 검투사는 경기에서 완전히 탈락하고, 승자는 패자의 힘까지 흡수한다. 예를 들어 검투사 130이 검투사 145를 이기면, 후자는 게임에서 아웃되고 전자는 검투사 275로 재탄생한다. 어느 한 팀의 검투사가 모두 탈락해서 더는 싸울 검투사가 없으면 그 팀이 패배하고 게임은 종료된다.

이 게임에서 최선의 전략은 무엇일까? 검투사들의 출전 순서를 어떻게 정해야 할까? (다음 내용을 읽기 전에 잠시 시간을 가지고 생각해보기 바란다.)

답은 은근히 예상외다. 결론은 이 게임에서 코치는 전혀 필요가 없다는 것이다. 선수들의 출전 순서는 승패에 어떤 변수도 되지 못한다. 승률은 해당 팀 검투사들의 힘을 모두 합한 값을 양 팀 검투사들의 힘을 모두 합한 값으로 나눈 값에 해당한다.

증명하라! (힌트: 팀 전체를 가지고 시작하지 말 것. 그럼 계산이 어려워진다. 간단하게 아테네 검투사 한 명과 이방인 검투사 두 명으로 계산하자. 다음에는 아테네 검투사 두 명과 이방인 검투사 두 명이 싸울 때는 어떻게 되는지 따져본다. 어떤가? 패턴이 보이는가? 이 문제는 귀납법으로도 풀 수 있다.)

이 문제가 단체경기 코치들에게 딱히 솔깃한 영감을 주지 못한 점, 안타깝게 생각한다. 분명히 말하지만 코치는 매우 중요한 존재다. 다만 가끔은 그 중요성이 살짝 과장 평가되는 경향이 없지 않다.

대부의 경고와
죄수의 딜레마

이번 장은 게임이론 전체에서 가장 유명하고 가장 고전적인 게임에 할애한다. 바로 죄수의 딜레마다. 이 게임의 면면을 종합적으로 뜯어본다. '반복적' 죄수의 딜레마 버전도 포함된다. 그리고 거기서 우리는 한 가지 매우 중요한 교훈과 만나게 된다. 이기적 행동은 도덕적으로 문제 될 뿐만 아니라 많은 경우 전략적으로도 어리석은 선택이다.

게임이론에서 가장 유명하고 가장 자주 언급되는 게임이 죄수의 딜레마Prisoner's Dilemma다. 이 게임은 1950년 미국의 정책연구기관 랜드연구소RAND Corporation 소속 과학자들인 멜빈 드레셔Melvin Dresher와 메릴 플러드Merrill Flood가 공동으로 시행한 게임이론 실험에서 비롯되었다. 같은 해에 랜드연구소의 고문이자 수학자였던 앨버트 터커Albert Tucker가 스탠퍼드 대학교 심리학과에서 게임이론에 대해 강연하면서 드레셔-플러드의 실험을 양형 협상에 처한 두 명의 죄수(엄밀히 말하면 용의자)의 상황에 적용했고, 이것을 계기로 이 게임에 죄수의 딜레마란 이름이 붙었다. 이후 죄수의 딜레마는 지금까지 수많은 글과 책과 학위논문에 등장했다. 감히 말하건대 게임이론에 문외한인 사람도 죄수의 딜레마는 한 번쯤 들어봤으리라 믿는다.

이 게임의 고전적 버전은 이렇다. 두 명의 남자가 모종의 혐의로 체포된다. 두 사람을 대충 A와 B로 부르자. 경찰은 둘을 흉악범죄의 공범으로 보고 있지만 이를 입증할 물증이 없는 형편이다. 그래서 자백을 받을 목적으로 두 사람을 따로 격리해서 구금한다. 경찰이 바라는 것은 용의자들이 상대의 죄상을 고해바치는 것이다. 이를 위해 경찰은 두 용의자에게 같은 제안을 한다. 둘 다 묵비권을 행사하면 둘 다 절도 따위의 경범죄로 기소되어 각각 1년씩 복역한다. 한 명이 상대를 배신해서 상대의 범죄사실을 고하면, 배신한 쪽은 즉각 석방되고 상대는 해당 범죄로 20년 징역형을 받는다. 둘 다 서로를 배신하고 상대의 혐의를 인정하면 둘 다 18년 징역형을 받는다(기소를 도운 대가로 형량을 10% 할인받는 셈이다).

게임의 규칙을 표로 요약하면 다음과 같다. (숫자는 징역형의 연수다.)

		죄수 B	
		묵비권	배신
죄수 A	묵비권	1, 1	20, 0
	배신	0, 20	18, 18

수학자들은 이런 종류의 표를 '게임 매트릭스'라고 부른다. 수학자들은 행여 일반인들이 무슨 말인지 알아들을까 봐 '표'나 '차트' 같은 평범한 용어는 잘 쓰지 않는다.

솔직히 지금까지는 별반 흥미로울 게 없다. 어째서 그렇게 많은 사람이 이 게임을 논문에 쓰지 못해 난리였는지 이해가 가지 않는다. 하지만 일이 어떻게 풀릴지 궁리하기 시작하면 얘기가 달라진다. 처음 얼핏 생각하기에는 답이 빤해 보인다. 두 용의자 모두 침묵을 지키면 그만이다. 둘 다 입을 닫고 납세자의 비용으로 한 1년 잘 지내다 출소하면 된다. 모범수로 사면되면 그보다 빨리 자유의 몸이 될 수도 있다. 하지만 상황이 이렇게 단순하다면 사람들이 이렇게 죄수의 딜레마에 목을 맬 리 없다. 사실을 말하자면 여기서 무슨 일이든 일어날 수 있다.

이 딜레마를 면밀히 이해하기 위해서는 잠시 A의 입장이 되어볼 필요가 있다.

"B가 뭐라고 할지 또는 이미 뭐라고 했는지 알 수가 없잖아. 내가 아는 건 B에게 두 가지 선택밖에 없다는 거야. 침묵 아니면 배신. B가 침묵을 지키고 나도 증언을 거부하면 1년만 큰집 신세를 지면 돼. 하지만 내가 배신하면 난 그대로 자유의 몸이야! B만 입을 다물어준다면 장땡인데 말씀이야. B에게 죄를 덮어씌우고 나는 걸어 나가고.

하지만 반대로 B가 내 등에 칼을 꽂고 나만 침묵을 지키면 나만 감방에서 썩는 거야. 20년은 더럽게 길어. B가 나불댄다면 나도 입 털

앞에서 설명한 대로 이것은 대칭적 게임이다. 두 선수에게 주어진 상황과 정보가 공평하다는 뜻이다. 따라서 A가 이런 궁리를 하는 바로 그 시간에 B도 자기 감방 안에서 A와 똑같은 계산을 하고 A와 똑같은 결론에 이른다. 즉 A의 입장에서도 배신이 최선의 선택이다. 그럼 어떻게 되는 걸까? 두 선수 모두 합리적으로 본인에게 유리한 결정을 한다. 그런데 그 결과는 두 사람 모두에게 나쁘다. 게임의 규칙에 따라 두 사람은 18년간 철창신세를 져야 한다. 1년 후 교도소에서 이런 장면을 볼 수 있다. A와 B는 교도소 마당을 걷다가 심란한 눈으로 서로를 흘깃대며 머리를 긁적인다. "어쩌다 이 꼴이 된 거지? 무슨 이런 황당한 경우가 다 있냐고. 우리한테 죄가 있다면 죄수의 딜레마를 몰랐던 죄밖에 더 있어? 게임 방법만 알았어도 지금쯤 우리 둘 다 자유의 몸이 됐을 건데 말이야."

A와 B는 어디서부터 잘못한 걸까? 잘못하기는 했나? 일단 둘의 논리로만 보면 둘은 할 일을 한 것으로 보인다. 둘 다 자신의 이익을 위해 행동하기로 했고, 상대가 어떻게 나오든 자신에게 가장 유리한 선택은 배신이라는 결론에 이르렀다. 그래서 둘은 서로를 배신했고, 그 행동에서 모두 손해를 봤다. 둘 다 패배자이자 피해자가 된 것이다.

나의 지적인 독자들은 벌써 눈치챘을 수도 있다. 두 선수가 서로를 배신해서 각각 18년(도합 36년)의 형량을 치르는 것이 공교롭게도 내시 균형이라는 것을. 두 사람이 받는 형량의 합으로 따질 때, 내시 균형은 곧 최악의 결과로 이어진다. 이 상황이 괜히 딜레마가 아니다.

내시 균형은 상황 종결 후 어떤 선수도 자신의 선택과 그 결과를 후회하지 않기 위한 일련의 전략이다. (선수들은 본인의 결정에만 관여할 수 있고 상대의 결정에는 영향을 미칠 수 없다는 것을 기억하자.)

다시 말해 상대 선수가 배신을 선택한다면 나도 똑같이 하는 게 맞다. 이때의 결과(18년, 18년)는 내시 균형이다. 두 선수 모두 배신 전략을 택했다가 마지막 순간에 한 명이 묵비권을 행사하기로 마음을 바꾸면, 마음을 바꾼 쪽이 18년 대신 20년을 복역하게 된다. 그는 게임에 지고 평생 자신의 선택을 후회하게 된다. 반대로 배신한 쪽은 자신의 배신 전략을 후회하지 않는다. 상대가 침묵하든 배신하든 배신한 쪽은 나중에 후회할 일이 없다. 즉 배신이 내시 전략이다. 관건은 게임에 이기고 지는 게 아니다. 상대의 선택을 알게 됐을 때 자신의 선택을 후회하느냐 아니냐가 관건이다.

반면 침묵은 내시 전략이 아니다. 나중에 알고 봤더니 상대는 침묵했다. 이 경우에도 자신의 배신을 후회할 일은 없다. 상대가 침묵할 때 배신하는 쪽은 징역형을 면제받으니까. 심지어 함께 침묵할 때보다도 이득이다. 이 사례가 주는 교훈은 많지만 그중에서도 중요한 것은 이것이다. 내시 균형 전략이 항상 현명한 전략은 아니라는 것, 때로는 1년형으로 끝낼 수 있는 것을 18년형으로 때워야 한다. 말하자면 죄수의 딜레마에서는 개인의 최선과 집단의 최선이 충돌한다. 개인의 이익추구가 전체의 이익으로 귀결되지 않는다. 죄수들이 각자에게 최선의 선택을 해도 집단으로는 모두 손해를 본다.

그럼 이 난제를 어떻게 풀어야 할까?

여기 한 가지 경우가 있다. A와 B가 평범한 범죄자가 아니라 범죄조직의 조직원들이라고 치자. 두 사람이 조직원 서약을 하던 날 대부는 이렇게 경고했다. "왜 있잖아, 죄수의 딜레마라고, 다들 들어봤을 거야. 거기 관한 논문도 하나쯤 읽어봤을 테고. 명심해. 우리 사업에 배신 전략이란 없어. 동료 조직원을 배신하는 놈은," 대부는 이 대목에서 목소리를 낮게 깐다. "몹시 오랫동안 침묵하게 해주겠어. 여기서 말하는 오랫동안은 영원을 뜻해. 우리는 배신자 한 명만 침묵시키지 않아. 우리 애들이 배신자와 친한 사람들까지 모두 찾아내 침묵시킬 거야. 영원히 말이지. 나는 말이야, 정말이지 침묵의 소리를 사랑해."

사전에 이런 정보를 접하면 갈등할 일이 대폭 줄어든다. 죄수의 딜레마는 더 이상 딜레마가 아니다. 죄수 모두 무조건 묵비권을 행사한다. 심지어 그 행동으로 득을 본다. 둘 다 1년만 복역하고 출소하니까. 간추려 말하면 이렇다. 선택 가능한 경우의 수가 줄면 오히려 결과가 좋아진다. 선택의 폭은 넓을수록 좋다는 통념과 정면으로 대치된다. 체포된 부하들에게 내린 대부의 함구령이 두 부하 모두에게 좋은 결과를 가져온다. 물론 경찰과 준법시민에게는 좋은 결과가 아니겠지만.

죄수의 딜레마가 해결되는 강제적 합의 방법이 또 하나 있다. (이번에는 전적으로 합법적인 방법이다.) 바로 환어음bill of exchange을 이용하는 것이다. 환어음은 국제거래에서 많이 이용되는 대금 지급 방식이다. 거래자 A가 환어음을 발행해서 은행에 어음에 기재된 금액을 거래자 B에게 지급할 것을 명령한다. 다만 명령은 B가 A에게 배송한 물건이 A와 B가 사전에 서명한 선하증권bill of lading의 내용과 정확히 일치할 경우에만 유효하다. 다시 말해 거래자 A가 은행에 자신과 거래자 B를 감시하는 역할을 맡긴 것이다. A가 은행에 거래대금을 예치하는 순간 A는 더 이상 B를 속일 수(배신할 수) 없다. 그때부터는 은행만이 B가 보낸 물건이 선하증권과 일치하는지를 결정할 수 있기 때문이다. 결정자는 A가 아니다. B도 마찬가지다. 거래자 B가 속임수를 쓰면(배신하면) B는 단 한 푼도 받을 수 없다. B는 A와 합의한 대로 행동하고(침묵을 지키고), A와 합의한 물건을 보내야 돈을 제대로 받을 수 있다.

현실세계 사람들은 빈번하게 이와 비슷한 딜레마 상황에 처한다. 그럴 때 사람들은 어떻게 행동할까? 실제와 시뮬레이션 게임을 막론하고 사람들은 이런 상황에서 서로를 배신하는 경향을 보인다.

심지어 푸치니 오페라 〈토스카Tosca〉에도 쌍방향 배신으로 끝나는 전형적인 죄수의 딜레마 상황이 등장한다. 악질 경시총감 스카르피아 남작은 여주인공 토스카에게 자신과 하룻밤을 보내지 않으면 남자친구를 죽이겠다고 협박한다. 토스카의 남자친구는 정치범 은닉 혐의로 체포되어 처형될 위기에 처해 있는데, 토스카가 잠자리 요구를 들어주면 사형장에서 남자친구에게 가짜 총알을 쓰겠다는 거였다. 토스카는 스카르피아와 잠자리를 하기로 동의한다. 하지만 둘은 서로를 배신한다. 토스카는 스카르피아를 칼로 찔러 죽이고, 토스카의 애인은 약속과 달리 진짜 총알에 맞아 죽는다. 경찰에게 쫓기던 토스카는 결국 자살로 생을 마감한다. 이 얼마나 고전적이고 비극적인 결말인가! 음악은 또 얼마나 끝내주는지!

죄수의 딜레마에서, 어쩌면 〈토스카〉에서도, 확실한 것은 이거다. 설사 두 선수 모두 죄수의 딜레마를 알고 있고, 따라서 서로를 배신하지 않기로 합의해도, 끝까지 그 약속을 지키기란 쉽지 않다. 두 죄수가 각자 독방으로 끌려가기 전에 자신들의 상황이 죄수의 딜레마에 해당된다는 데 동의하고 서로에게 불리한 증언을 하지 않기로, 즉 함께 입을 닫고 각자 1년씩 복역하기로 약속했다고 치자. 그렇다 해도 일단 격리되어 혼자 남으면 상대 죄수가 과연 약속을 지킬지 고민하게 된다. 그러면 사전 합의가 없었던 경우와 똑같은 결론이 나온다. 즉 궁리 끝에 배신이 최선의 선택이라는 결론에 이른다. A가 B를 배신하면 A는 석방되고, 둘이 서로 배신하면 각각 20년 대신 18년을 복역한다. 사전 담합이 있다 해도 쌍방 배신을 피하기 어렵다.

아무리 인간이 자신의 유익만 구하는 존재라고 해도 그렇지, 전적

죄수의 딜레마는 배신과 신뢰 사이에서 갈등할 수밖에 없는 인간의 심리를 잘 보여준다.

으로 비합리적 결정이라는 인상을 지울 수 없다. 재앙에 가까운 결과를 보라. 합리적인 죄수라면 상대 죄수의 생각도 자신과 같을 거라고 생각할 것이고, 감옥에서 18년을 썩는 것보다 1년 징역형으로 끝내는 것이 훨씬 낫다는 것을 알 것이고, 따라서 침묵을 지킬 거라는 결론에 이르지 않을까? 실제로 일부 게임이론 전문가들은 합리적인 선수들이라면 양측 모두 침묵할 거라고 믿는다. 하지만 내 생각은 다르다. 내가 그 상황에 처한다면, 상대 선수의 생각에 대한 위험한 추정은 하지 않을 것이고, 결국에는 배신이 제일 나은 선택이라는 판단에 이를 것이다. 인정하기는 싫지만 나라도 상대를 배신할 것 같다. 그리고 상대도 나를 배신할 것이므로 우리 둘은 무엇이 어디서부터 잘못된 건지 철창 뒤에서 오래오래 생각할 운명이다.

죄수의 딜레마는 인간에게 협력은 불가능하다는 증명일까? 아니면 다른 때라면 몰라도 적어도 감옥행 같은 위기 상황에서는 협력이 불가능한 걸까? 그런 결론을 피하기 어려워 보인다. 이 게임에서 그리고 비슷한 상황에서 사람들은 으레 서로를 배신한다. 하지만 사람들이 서로 협력하는 상황도 분명히 존재한다. 마피아 대부가 입단속을 시켜서만은 아니다. 이런 명백한 모순을 어떻게 설명할 것인가?

처음에는 나도 마땅한 답을 찾을 수 없었다. 그러다 어느 날 문득 깨달음을 얻었다. 군복무 시절과 초보운전 시절이 연이어 떠올랐을 때였다. 군복무 시절 나는 시시때때로 사람들에게 호의와 공조를 요청했고, 실제로 많은 도움을 받았다. 동료 부대원에게 내 임무를 대신 부탁한 적도 있고, 심지어 남과 휴가 순서를 바꾸기도 했다. 그러다 제대하고 나서 뒤늦게 운전면허를 땄다. 처음 운전을 나가서 차선 변경을 할 때가 지금도 기억에 선하다. 나는 차들이 내가 끼어들 틈을 주기를 기다렸다. 하지만 그런 일은 일어나지 않았다! 절대 없었다! 양보란 없었다. 수많은 차가 지나갔지만 나를 위해 속도를 줄여주는 차는 단 한 대도 없었다. 도대체 뭐가 문제일까? 어째서 사람들은 크고 중한 일에는 선뜻 나서서 도와주면서, 다른 운전자를 위해 잠시 속도를 줄이는 사소한 일에는 어쩌면 이렇게 야박할까? 답은 죄수의 딜레마가 일회성으로 끝나느냐 반복적으로 일어나느냐의 차이에 있었다.

죄수의 딜레마를 서로 반복적으로 치러야 하는 선수들의 입장과 같은 게임을 한 번 치르고 다시는 만나지 않을 선수들의 입장은 엄연히 다르다. 일회성 죄수의 딜레마는 어쩔 수 없이 쌍방 배신으로 끝난다. 하지만 반복적 버전은 본질적으로 다르다. 내가 군대 동료들에게 아쉬운 소리를 할 때, 동료들은 의식적 또는 무의식적으로 우리가 이 게임을 다시 하게 되리란 것을, 그때는 내가 지금 받은 호의에 보답하리란 것을 안다. 반복적 게임에서는 선수들이 가끔씩 상대를 '이기게' 해주고 다른 시점에서 거기 따른 보상을 기대한다. 하지만 도로에서 남에게 호의를 베풀 때는? 훗날 도로에서 다시 만났을 때 은혜를 갚으려고 운전을 멈추고 상대의 자동차번호를 적어둘 수는 없는 노릇이다. 그건 진짜 비합리적인 행동이다. 사람들은 미래의 이득이 기대될 때 협력하는 경향을 보인다. 미국 정치학자 로버트 액셀로드Robert Axelrod는 이것을 '미래의 그림자 shadow of the future'라고 불렀다. 나중에 같은 상대와 만나거나 엮일 가능성이 현실적으로 확실하면 사람들은 생각하는 방식을 바꾼다.

죄수의 딜레마 게임의 일종인데, 참가자들이 눈치채지 못하게 변형한 실험이 하나 있다. 주로 기업 중역 대상 워크숍 때 사용하는 실험이다. 참가자들은 둘씩 짝을 짓고, 각각 500달러와 S 또는 B가 적힌 카드 뭉치를 받는다. 그리고 다음의 게임을 50회 시행한다. 게임의 목표는 돈을 최소한으로 잃는 것이다. 두 선수 모두 S카드를 빼들면(모두 침묵하면) 각자의 500달러에서 1달러씩만 차감된다(1년 징역형). 두 선수 모두 B카드를 빼들면(서로 배신하면) 각자 18달러를 잃는다. 한 명은 S카드를 내밀고 다른 한 명은 B카드를 내밀면 후자는 돈을 고스란히 지키고 전자는 20달러를 잃는다. 이 점을 잊지 말자. 각 쌍은 이 게임을 50회 반복한다.

참가자들의 대부분은 게임의 규칙을 금방 이해한다. 어쨌거나 기업체 중역들이 아닌가. 명민한 사람들이다. 물론 게임의 규칙을 이해한다고 당장 뭐가 달라지는 건 아니다. 게임의 숨은 의도를 보지 못한 채 참가자들은 일회성 게임에 처한 사람들과 다를 것 없는 계산을 한다. 즉 상대의 선택에 상관없이 자신은 B카드를 꺼내는 것이 최선이라는 결론을 내린다. 그렇게 18달러를 잃기를 몇 번 반복하다가 비로소 본인의 전략이 크게 잘못됐다는 걸 깨닫는다. 18달러씩 50번 잃으면 받은 판돈 500달러를 전부 날리는 것은 물론 주최 측에 400달러를 빚지게 된다. 보통 3라운드쯤에서 슬슬 깨달음이 오기 시작하고, 슬슬 협력의 시도가 싹튼다. 참가자들은 상대도 분위기 파악을 하고 같은 행동을 하기를 희망하며 전략적으로 S카드를 꺼내기 시작한다. 그래야 500달러가 축나는 정도를 최소화할 수 있다.

이스라엘 정치인 아바 에반Abba Eban이 생전에 이런 말을 남겼다. "사람과 국가는 다른 대안을 모두 소진했을 때 비로소 현명하게 행동한다. 이것이 역사의 가르침이다." 맞는 말이다.

반복적 죄수의 딜레마는 50라운드로 넘어가면서 보이지 않던 함정을 드러낸다. 이때 선수는 이런 생각이 든다. "이제 끝이야. 더는 내가 협력을 원한다는 신호를 보낼 이유가 없어. 상대가 무슨 선택을 하든지 나로서는 배신을 택하면 돈을 덜 잃어." 이런 생각이 드는 순간 무한순환 고리가 돌아가기 시작한다. 50라운드의 결과가 불가피하다면 49라운드에서 협력할 이유가 없고, 서로를 배신할 가능성이 높고, 결국 선수는 배신을 택한다. 이 논리가 48라운드에도 똑같이 적용된다!

여기서 우리는 새로운 역설에 처한다. 두 선수 모두 이렇게나 합리적인 인간들이라면 아예 처음부터 배신을 택하지 않겠는가.

따라서 역방향 추론은 하나 마나다. 상황만 더 복잡하게 만들 뿐이다. 이것을 이른바 '깜짝 시험 역설surprise quiz paradox'이라고 한다. 이 역설의 내용은 이렇다. 금요일 마지막 교시에 선생님이 다음 주에 깜짝 시험이 있을 거라고 한다. 학생들 얼굴은 아연실색한다.

그때 조가 일어나 말한다. "선생님, 다음 주에 깜짝 시험은 있을 수가 없습니다."

"왜 없어?" 선생님이 묻는다.

"당연히 없죠." 조가 말한다. "일단 다음 주 금요일에는 깜짝 시험이 불가능합니다. 목요일까지 시험이 없으면 우리 모두는 시험이 금요일이라는 걸 알게 되고, 그렇다면 그 시험은 더 이상 깜짝 시험이 아니죠. 목요일도 마찬가지입니다. 월요일에도 화요일에도 수요일에도 시험이 없으면, 금요일은 이미 배제됐으니까 시험 날은 당연히 목요일이 됩니다. 이렇게 우리가 알게 된 이상 선생님은 우리를 깜짝 놀라게 할 수 없습니다, 선생님."

깜짝 시험의 '깜짝'이 정확히 무엇을 뜻하는지는 분명치 않다. 또한 선생님이 다음 주 깜짝 시험은 불가능하다는 조의 주장을 인정한다 해도 선생님은 여전히 학생들의 허를 찌를 수 있다. 학생들이 조의 논리만 턱하니 믿고 있을 때 화요일에 시험을 내버리면 된다.

같은 논리가 죄수의 딜레마에도 적용된다. 게임이 반복되는 횟수가 정해져 있고 알려져 있을 때는 그렇다(나는 워크숍에서 라운드 횟수를 미리 통보하지 않는다). 선수들이 깜짝 시험을 앞둔 조처럼 생각할 가능성이 있기 때문이다. 그런 식의 역탐색backtracking은 막다른 길로 인도할 뿐이다.

앞서 언급한 로버트 액셀로드는 미시간 대학교 정치학과 교수면서 수학적 모델링의 권위자다. 그는 죄수의 딜레마 게임에 기반을 둔 컴퓨터 실험으로 명성을 얻었다. (자세한 내용은 1984년 나온 액셀로드의 저서《협력의 진화The Evolution of Cooperation》를 참고하기 바란다.) 액셀로드 교수는 죄수의 딜레마 상황이 여러 번 반복될 때 사람들이 어떤 전략을 구사하는지, 어떤 전략이 가장 많이 득점하는지 알고 싶었다. 그래서 일종의 대회를 열어 지성과 혜안을 갖춘 여러 분야의 학자들에게 쓸 만한 게임전략을 제안할 것을 요청했다. 액셀로드가 참가자들에게 제시한 게임의 규칙은 이러했다. 두 선수 모두 침묵하면 각자 3점씩 얻고, 둘 다 배신하면 각자 1점씩 얻고, 둘의 선택이 갈리면 배신자는 5점을 얻고 침묵한 쪽은 0점을 받는다. 이 게임을 200회 반복한다.

반복적 죄수의 딜레마 게임에는 여러 전략적 패와 수가 존재한다. '항상 침묵' 전략은 가장 단순한 전략 중 하나다. 하지만 결코 현명한 전략은 아니다. 상대 선수의 배신이 응징당하는 법이 없으므로 상대 선수에게 이용당하기 쉽다. '항상 배신' 전략은 냉혈한의 전략이다. 이외에도 온갖 별난 전략들이 등장할 수 있다. 예를 들어 배신과 침묵을 번갈아 한다든지, 동전을 던져서 결정한다든지, 배신 또는 침묵 카드를 무작위로 꺼낸다든지. 하지만 우승작은 따로 있었다.

명석한 독자들은 지금쯤 최고의 전략을 눈치챘을까? 최고의 전략은 상대의 선택에 연동한 선택을 하는 것이다. 컴퓨터 시뮬레이션을 통한 제1회 죄수의 딜레마 게임 대회에서 우승한 전략은 바로 '팃포 탯tit for tat. 되갚음' 전략이었다. 이는 가장 '짧은' 전략이기도 했다. 길고 복잡한 명령어로 설계해야 하는 다른 전략들과 달리, BASIC 컴퓨터 프로그래밍 언어의 단 4줄로 정리된다.

팃포탯 전략을 제안한 사람은 러시아 태생의 미국 수학심리학자 아나톨 라포포트Anatol Rapoport, 1911~2007였다. 그가 제안한 전략의 핵심은 네 가지다. 일단, 1라운드에서는 침묵을 지켜야 한다. 다시 말해 출발은 신사적이어야 한다. 둘째, 2라운드부터는 상대가 직전 라운드에서 했던 행동을 똑같이 따라한다. 상대가 직전 라운드에서 침묵했다면 나도 이번 라운드에서 침묵하고, 상대가 직전 라운드에서 배신했다면 나도 이번 라운드에서 똑같이 배신한다. 내가 상대에게 무엇을 할 수 있을지를 생각하지 말고, 상대가 먼저 내게 어떻게 했는지 생각하라. 그리고 같은 패를 낸다. 팃포탯 전략은 평균 500점을 득점했다. 두 선수 모두 침묵하면 각자 3점을 얻고, 200회 모두 그렇게 하면 총점이 600점이다. 이걸 생각하면(즉 600점 만점에) 500점은 굉장히 높은 점수다. 이 전략이 모든 전략 중에 가장 우수한 성적을 거두었다.

흥미롭게도 가장 장황하게 기술된 가장 복잡한 전략이 가장 낮은 성적을 기록했다. 제2회 대회에서는 '팃포투탯tit for two tat' 전략이 등장했다. 상대가 나를 배신하면 다음 판에서 잘못을 만회할 기회를 주고 그래도 또 배은망덕하게 배신하면 그땐 나도 배신 카드를 꺼내들어 응징하는 방법이다. 원래의 팃포탯 전략보다 '신사적인' 전략이다. 하지만 너무 신사적이어서 탈이었다. 이 전략의 성적은 낮았다.

게임이론을 모르는 사람들은 팃포탯 전략을 들으면 보통 이렇게 반응한다. "이게 무슨 대단한 발견이라고 호들갑이야? 사람들이 평소에 항상 하는 거잖아." 사실 팃포탯 전략은 노벨상을 받을 정도로 놀라운 수학적 발견은 아니다. 다만 일상적 인간 행동을 명민하게 관찰한 결과일 뿐이다. 상대가 내게 신사적으로 나오면 나도 신사적으로 나간다. 상대가 내게 야박하게 굴면 나도 그렇게 대응한다. 가는 말이 고와야 오는 말도 곱다. 눈에는 눈, 이에는 이.

액셀로드는 팃포탯 전략이 성공하기 위해서는 선수들이 다음의 네 가지 규칙을 지켜야 한다고 밝혔다.

1. 신사적으로 나간다. 내가 먼저 상대를 배신하지 않는다.
2. 상대가 배신하면 반드시 보복한다. 맹목적 낙관은 넣어둔다.
3. 용서도 필요하다. 상대가 배신을 멈추고 협조적으로 나오면 과거를 묻지 않고 용서한다.
4. 시기하지 않는다. 가끔씩 지는 라운드에 연연하지 않는다. 전체적인 성공을 노린다.

죄수의 딜레마 게임의 또 다른 흥미로운 버전은 두 명이 아니라 여러 명이 한꺼번에 경합하는 방식이다. 이 다중경쟁 버전의 실제 사례 중 하나가 고래잡이 규약이다. 국가 경제가 고래잡이 어업에 크게 의

존하는 나라는 고래잡이 금지 협약이 다른 모든 나라에 엄격히 적용되기를 바라는 동시에(상대의 침묵 전략), 자국 어부들은 맘껏 고래를 잡을 수 있기를 바란다(자신의 배신 전략). 문제는 불 보듯 뻔하다. 포경국가들이 전부 배신 전략으로 가면 결과는 모두에게 재앙이다(그 과정에서 고래가 멸종하는 건 말하면 잔소리다). 이것이 죄수의 딜레마 게임의 다중경쟁 버전이다. 산림 보호 협약도 같은 경우에 해당한다. 보다 세속적인 이슈를 찾자면 아파트 관리비 문제도 해당한다. 내느냐 마느냐, 그것이 문제로다. 당연히 세입자는 다른 세입자들이 모두 각자의 관리비를 착실히 납부하기를 바란다. 정확히 말하면 자기만 빼고 다른 세입자들 모두. 그렇게만 된다면 만사형통이다. 아파트 꽃밭에는 꽃이 만발하고, 아파트 로비는 환하게 빛나고, 엘리베이터는 고장 없이 순조롭게 운행된다. 나는 한 푼도 내지 않았는데 말이다! 야호! 그런데 나뿐만 아니라 점점 더 많은 세입자들이 (결국에는 세입자 전원이) 무임승차할 요량으로 관리비를 내지 않으면 그때부터 난장판이 된다. 아무도 관리비를 내지 않는 아파트의 꽃밭과 엘리베이터 상태를 상상해보라.

우연하게도 독일 철학자 임마누엘 칸트Immanuel Kant, 1724~1804가 말한 정언명령categorical imperative, 무조건적 도덕률이 죄수의 딜레마의 해법으로 손색이 없다. 행동하기 전에 이 질문을 생각하라. 내 행동이 보편적 원칙이 되었으면 하는가? 내 행동이 보편적 원리로 타당할 때 그렇게 행동하라. 칸트는 아파트 세입자들이 이렇게 생각하기를 원했을 것이다. "관리비 납부 회피가 보편적 행동 규범이 되는 건 당연히 안 돼. 그럼 난장판이 될 거 아냐. 그러느니 다들 관리비를 내는 게 맞지." 매우 신사적이다. 하지만 세입자 모두가 칸트의 도덕률에 정통하기를 바라는 것보다 관리비 납부 의무 조항을 아예 임대 계약서에 박아 넣는 것이 낫다. 아무리 칸트를 읽었어도 요금과 세금에 관한 한 사람들의 자발성을 기대하긴 어렵다.

아니나 다를까, 스페인 철학자 호세 오르테가 이 가세트José Ortega y Gasset, 1883~1955도 "법은 인간본성에 대한 희망을 상실했을 때 생긴다"라고 말했다.

반복적 다중경쟁 죄수의 딜레마에서 최적의 전략은 무엇일까? 상황은 전보다 복잡하다. 팃포탯 전략은 여기에 적용할 수 없다. 경쟁 상대가 한 명일 때는 상대의 행동을 파악하고 거기에 대응하는 것이 가능하다. 하지만 20명의 세입자를 상대할 때는? 예를 들어 20명 중 8명은 관리비를 내지 않고 12명은 냈다고 할 때, 어떻게 하는 것이 팃포탯 전략일까? 다수의 행동에 따르는 것? 나 빼고 모두가 관리비를 내는 것을 본 다음에야 나도 따라서 내는 것? 아니면 한 명이라도 관리비를 내면 나도 내야 할까? 보통 복잡한 문제가 아니다. 수학적으로나 직관적으로나. 그러니까 이 문제는 이쯤 해두자.

펭귄 수학

이번 장은 동물을 다룬다. 동물은 게임의 고수이자 진화적 게임이론이라는 학문 분야의 주연이다. 여기서 우리는 이타주의의 발현 같은 톰슨가젤의 뜬금없는 행동을 논한다. 그리고 자원자를 기다리는 펭귄 무리 속으로 들어가서 진화적 게임이론이 내시 균형 개념을 어떻게 확장하는지 알아본다.

내가 유난히 흥미롭게 생각하는 게임이론의 하위 분야가 바로 진화적 게임이론Evolutionary Game Theory이다. 진화적 게임이론은 동물의 행동을 관찰하고 연구한다. 이 분야에 관심을 두게 된 이유가 있다. 동물은 거의 전적으로 합리적이기 때문이다. 합리성은 수학자들이 행동 예측 모델을 수립하는 기반이 된다. 수학자들은 합리적인 존재를 좋아한다. 인간의 개입이 없는 자연에서 일어나는 현상, 즉 자연현상은 예측 모델과 찰떡궁합이다.

게임이론을 동물 행동에 적용할 때 내가 제일 먼저 주목한 이슈 중 하나가 바로 이타주의다.

리처드 도킨스Richard Dawkins의 1976년도 명저《이기적 유전자Selfish Gene》는 이타적 행동을 이렇게 정의한다. "하나의 개체가 자신의 안녕을 희생하면서 다른 개체의 안녕을 증진시키는 행동을 할 때, 그것을 이타적이라고 한다." 행위의 결과가 행위자의 생존 가능성을 저해할 때 그것을 이타적 행위로 본다는 뜻이다. 이 현상은 도킨스 이론의 근간이 되는 이기적 유전자 개념과 충돌하는 것처럼 보인다. 도킨스에 따르면 생물체는 유전자가 만들어낸 생존기계에 불과하며, 이 기계의 목적은 자기본위 행동이 유리한 경쟁세계에서 유전자를 무사히 다음 세대로 전달하는 것이다. 생각해보자. 생물체의 유일한 관심사가 자기 유전자의 존속과 전달이라면(다시 말해 유전자의 유일한 관심사가 자기복제라면), 이타주의는 진화와 자연선택 과정에서 살아남을 수 없다. 벌써 도태되었어야 한다. 그런데도 자연에는 이타 행동의 사례들로 넘쳐난다.

동물의 이타 행동 중에서 가장 흔한 것이 어미가 포식자로부터 새끼를 목숨 걸고 보호하는 것이다. 도킨스는 톰슨가젤(영양의 일종)을 예로 든다. 톰슨가젤은 포식자가 접근하면 필사적으로 내빼는 대신 아래위로 껑충껑충 뛴다. "포식자의 코앞에서 자신을 드러내는 박력 만점의 '제자리높이뛰기stotting' 행동은 포식자의 관심이 자신에게 쏠리는 것을 감수하면서 동료들에게 위험을 경고한다는 측면에서 새가 내는 경계음alarm call과 유사하다." 톰슨가젤의 행동은 자기희생 행동

또는 거의 자살행위로 보인다. 이런 행동의 유일한 동기는 무리에게 위험을 알리고 싶은 바람이다. 암사자와 톰슨가젤은 무수한 사례 중 두 가지에 불과하다. 꿀벌부터 원숭이에 이르기까지 동물의 왕국에서 겉보기 이타 행동은 수없이 발견된다.

이처럼 이타주의는 첫눈에는 도킨스의 이기적 유전자 이론에 배치되는 것처럼 보인다. 하지만 알고 보면 전혀 모순이 아니다. 야생에 진짜 이타주의란 없기 때문이다.

암사자가 목숨 걸고 새끼를 보호하는 것이 개체 차원에서는 이타적 행동일지 모르지만 유전학적으로는 지극히 이기적인 행동이다. 암사자가 자기 새끼를 보호하는 것은 자기 유전자(또는 자기 유전자의 운반체)를 지키는 것과 다름없다.

톰슨가젤 쇼

그럼 톰슨가젤의 행동은 어떻게 설명할 수 있을까? 톰슨가젤은 치타가 먹잇감을 찾아 자기 무리로 접근하는 것을 발견하면 이상한 소리를 내면서 특유의 도약 행동을 한다. 영락없이 포식자의 이목을 끄는 행동으로 보인다. 이게 잘하는 짓일까? 다른 (현명한) 톰슨가젤들처럼 도망가는 것이 낫지 않나? 이 행동을 설명할 수 있을까?

얼마 전까지 동물학자들은 톰슨가젤의 행동을 무리에 경고를 보내는 경계도약으로 믿었다. 하지만 지금은 학계의 의견이 바뀌었다. 동물 이타주의를 연구하는 동물학자 아모츠 자하비Amotz Zahavi 교수는 톰슨가젤의 도약 행동은 동료에게 경고를 보내는 것이 아니라 반대

진화적 게임이론으로 바라보면, 이타적으로 보이는 동물의 행동 속에도 숨은 전략이 있다.

로 포식자에게 메시지를(게임이론 용어로는 '신호'를) 보내는 거라고 말한다. 이 메시지를 인간의 언어로 번역하면 이렇다. "어이, 포식자 양반! 여기 좀 보쇼. 내가 얼마나 젊고 튼튼한 톰슨가젤인지 한 번 보라고. 내가 얼마나 높이 점프하는지 보여? 내 유연한 움직임과 민첩한 몸이 보여? 댁이 정말로 출출하다면 말이야, 나 말고 다른 톰슨가젤을 (가급적이면 얼룩말을) 쫓아가는 게 나을 걸? 나는 따라와 봤자 잡기 힘드니까 괜히 헛수고 하지 마. 그럼 댁의 주린 배는 누가 채워주겠어? 내 말 들어. 좀 더 쉬운 먹잇감을 찾아봐. 내가 오늘 댁의 접시에 올라가는 일을 없을 테니까. 그럼 안녕. 그대의 진정한 친구, 톰슨가젤로부터."

진실은 무엇일까? 가젤의 도약 행동은 이기적 유전자 이론 이전의 믿음처럼 무리를 위한 경고일까, 아니면 순전히 이기적 행동이자 필사적 자기방어 행동일까?

알아내는 방법은 두 가지다. 하나는 수학적 예측 모델을 구축하는 것이다. 대개의 경우 이 방법은 엄청나게 복잡하다. 이에 비해 두 번째 방법은 엄청 간단하다. 현실세계에서 포식자의 반응을 관찰하는 것이다. 관찰했더니 포식자가 껑충대는 가젤을 공격하는 일은 드물었다. 포식자가 톰슨가젤의 메시지를 접수한 것처럼 보였다.

언젠가 내가 동물의 왕국을 다룬 수학적 모델 얘기를 꺼냈을 때 청중 가운데 한 남자가 일어나 이렇게 항의했다. "완전히 잘못 짚으셨어요, 교수님. 교수님이 제시하는 모델들은 보기엔 멋지지만 기가 막히게 복잡해요. 저는 톰슨가젤이 미분방정식이나 진화적 게임이론을 안다는 말은 한 번도 듣지 못했습니다. 기능적 최적화를 공부한 사자가 얼마나 되겠습니까? 동물들이 교수님의 강의를 이해하기는 할까요?"

나는 세상의 모든 톰슨가젤과 포식자는 사실상 게임이론과 미분방정식과 수학적 모델의 고수라고 대답했다. 다만 동물이 그것들을 이해하는 방식이 인간의 방식과 다를 뿐이다. 예를 들어 달팽이는 로그나선을 배우지 않고도 저마다 껍질에 로그나선을 더없이 완벽하게 새기고, 꿀벌은 응용수학 석사학위 없이도 벌집을 최적의 구조로 짓는다. 자연의 동물들은 우리가 다니는 학교와 다른 종류의 학교에서 진화라는 이름의 경이로운 교사에게 배운다. 진화는 기막힌 교육자인 동시에 가혹한 처벌자다. 낙제하면, 단 한 번이라도 낙제하면, 그걸로 탈락이다. 학교에서만 쫓겨나는 것이 아니다. 아예 자연을 하직해야 한다. 가혹하다. 하지만 학교에 최고의 학생들만 남는다는 이점이 있다.

무지한 토끼가 한 마리 있다고 가정하자. 이 토끼가 어느 날 모험 삼아 늑대의 어깨를 툭툭 쳐보기로 한다. 진화는 이 철딱서니 없는 토끼를 단박에 도태시켜 버린다. 조금의 망설임도 없다. 설사 토끼가 늑대를 깜짝 놀라게 하는 데 성공했다 해도 (그리고 토끼가 아주 잠시나마 즐거웠다고 해도) 토끼의 행동은 전략적으로 끔찍한 실수다. 결과적으로, 실수를 저지른 토끼의 유전자는 늑대의 위벽에 기름칠을 하느라 다음 토끼 세대에 도달하는 데 실패한다. (이 토끼의 실수가 이미 유전적으로 결정된 것인지의 여부는 아직 논란의 여지가 있다.)

나는 가끔 생각한다. 학생이 한 번의 큰 실수나 여러 번의 작은 실수를 저질렀다고 퇴학당한다면 대학은 어떻게 될까? 학생 수는 대폭 줄겠지만 남은 소수는 최고 정예가 된다. 아주 나쁜 생각만은 아닌 것 같다.

최후의 도약

그런데 의아한 것이 한 가지 있다. 도약 전략이 그렇게 효과적이라면 어째서 모든 톰슨가젤이 습관적으로 도약하지 않는 걸까? 그렇게 하면 저녁거리를 얻으러 온 치타는 놀라운 눈 호강까지 하게 된다. 톰슨가젤 수십 마리가 치타 씨의 방문을 맞아 일제히 기뻐 날뛰는 광경이 펼쳐진다. 하지만 자연에서 이런 쇼는 일어나지 않는다. 이유는? 답은 의외로 간단하다. 자랑도 현실이 뒷받침할 때만 가능하다. 젊은 톰슨가젤은 점프가 쉽지만, 늙은 친구는 높이뛰기를 시도한다 해도 예전처럼 날렵한 모습을 보여주기 어렵다. 하필 제일 긴박한 순간에 자칫 허리를 삐끗하거나 착지 실수로 발목을 삐거나 다리라도 부러지면 보통 낭패가 아니다. 치타는 톰슨가젤의 기술 부족에 잠시 당황하겠지만 이내 이때다 하고 늙은 친구를 저녁거리로 삼을 것이다.

펭귄의 딜레마

몇 해 전 TV 네이처 채널에서 끝내주는 다큐멘터리를 보았다. 한 무리의 펭귄이 먹이를 찾으러 바닷가에 도착한다. 펭귄은 물고기만 먹기 때문에 먹이를 찾으려면 차가운 바다에 들어가야 한다. 펭귄은 날지는 못하지만 물속에서 수영은 끝내주게 한다. 그런데 물속에는 물고기만 있는 게 아니라 펭귄을 잡아먹는 바다표범도 있다. 이때 최선의 방법은 어느 한 마리가 먼저 바다에 뛰어들어 물속에 천적이 있는지 보는 것이다. 본인의 운을 하늘에 맡기고 죽기 살기로 한번 해보는 거다. 자원자가 물 위로 머리를 내밀고 친구들에게 들어와도 좋다고 알리면 다행이고, 바닷물이 피로 붉게 물들면 그날은 굶는 날이다. 물론 펭귄들이 굶는다는 뜻이다. 바다표범만 땡잡는다. 미치지 않고서야 어느 펭귄이 자원자로 나서겠는가? 다들 그저 우두커니 기다리기만 한다.

　이 상황의 수학적 모델이 n-플레이어 게임이다. 흔히는 자원자 딜레마Volunteer's Dilemma라고 부른다. 이 상황에는 내시 균형 전략이 존재하지 않는다. 내가 펭귄이라고 생각해보자. 다른 펭귄이 자원자로 나선다면 나는 나서지 않는 것이 수다. 반대로 남들이 버틴다고 나도 무작정 버티는 것 또한 내시 균형도 현명한 선택도 아니다. 다들 언제까지 기다려야 하나? 다 함께 떼로 굶어 죽을 때까지? 모두가 '무작정 기다리기' 전략을 쓰면 나라도 자원자로 나서는 것이 현명하다. 그 경우 밑져야 본전이기 때문이다. 모두와 바닷가에 마냥 서 있다가는 반드시 죽는다. 하지만 내가 물에 뛰어들면 둘 중 하나다. 바다표범이 나를 잡아먹든가, 바다표범이 없는 물속에서 내가 물고기를 잡아먹든가. 따라서 자원자로 나서는 것이 나의 생존 가능성을 높인다. 하지만 모두들 자기보다 먼저 물에 뛰어드는 펭귄이 있기를 바란다. 딜레마가 아닐 수 없다.

다시 말하지만 '자원하기' 전략은 내시 전략이 아니다. 모두가 물에 뛰어든다면 가장 나중에 뛰어드는 펭귄은 어떠한 위험도 감수하지 않기 때문이다. 바다 속에 바다표범이 있더라도 그때쯤은 선두주자들을 먹어치우고 배가 불러 있을 테니까.

그럼 나는 물에 뛰어들어야 할까, 말아야 할까? 답을 알아보는 건 간단하다. 다큐멘터리를 끝까지 보면 된다. 그랬더니 놀랍게도 펭귄 무리는 몇 가지 흥미로운 전략을 보여주었다.

전략 1 지구전

펭귄 무리의 첫 번째 전략은 바닷가에서 하염없이 기다리는 것이었다. 남극판 '치킨 게임'이었다. 펭귄들은 그저 누군가 마음을 바꾸기만을 기다린다. 자기들끼리 지구전에 돌입한 것이다. 그러다 결국 누군가 물에 뛰어든다. 하지만 그러기까지 얼마의 시간이 흘렀는지는 알 수 없다. 7분이 흘렀을지 7시간이 흘렀을지 알 수 없다. 다큐멘터리 PD가 펭귄의 대기 장면을 7초만 남기고 잘라버렸다. 어쨌든 속타는 시간이 흐른 끝에 이러다 꼼짝없이 굶어 죽겠다 싶은 펭귄 한 마리가 물에 뛰어들 결심을 한다. 사실 이 첫 번째 다이버를 '진짜 자원자'라고 하기는 어렵다. 친구들을 위해 정말로 위험을 무릅쓸 작정이었으면 모두의 애간장이 녹기 전에 진즉에 했어야 한다. 학자들은 자원자 펭귄이 등장할지, 등장하면 언제 등장할지를 수학적으로 검토한다. 일종의 확률 문제다. 게임이론에서는 '혼합 내시 균형 전략 찾기'라고 한다. 결과만 말하자면, 수학적 모델은 항상 누군가는 앞으로 나선다고 예측한다. 현실세계의 펭귄 무리를 관찰해도 그렇다. 보라. 수학과 현실이 가끔은 일치한다.

전략 2 느리게 달리기

다른 전략도 있다. 이 전략은 주로 펭귄 무리의 규모가 제법 클 때 발생한다. 모두 함께 물에 뛰어드는 것이다. 내가 펭귄이었던 적은 한 번도 없지만, 또 펭귄처럼 생각하는 것이 딱히 성격에 맞지도 않지만 어쨌든 설명을 시도해보겠다. 펭귄 500마리가 동시에 차디찬 바닷물로 돌진한다. 왜? 도대체 어떤 논리가 이 단체행동을 일으킨 걸까? 펭귄 무리가 (유전자 언어를 통해) 바다에 바다표범이 없는 것 같다는 정보를 공유했을 수도 있다. 그런 거라면 정말 경이롭다. 그런데 말이다. 설사 물속에 굶주린 바다표범이 있다 해도 이 경우 잡아먹힐 확률은 1:500에 불과하다. 나쁘지 않다. 합리적인 모험이고, 펭귄들은 기꺼이 그 정도 위험을 감수한다.

이 다큐멘터리를 처음 봤을 때는 펭귄 무리의 합동 다이빙이 내시 균형이 아니라고 생각했다. 너도나도 물에 뛰어드는 분위기라면, 그리고 바다에 물고기가 딱 한 마리만 있는 것이 아니라면, 만고의 진리인 '신발 끈 고쳐 매기' 신공을 발휘해 일부러 뒤처지는 펭귄이 유리하다. 만에 하나 바다 속에 굶주린 바다표범이 있다 해도 내가 신발 끈을 다시 동여맸을 때는 바다표범이 이미 배가 불러 있을 테고, 늦게 물에 들어온 펭귄에게는 더 이상 위험요소가 되지 않는다. 펭귄 몇 마리는 다른 펭귄들만큼 빨리 뛰지 않는 모습이 다큐멘터리 영상에도 분명히 담겼다. 이 녀석들이 수학머리가 뛰어난 놈들인지 아니면 운동신경이 떨어지는 놈들인지는 알 길이 없다. 아무리 펭귄이 모두 동등하게 창조되었다 해도 달리기 실력까지 동등하기는 어렵다. 하지만 펭귄들 모두 남보다 느리게 뛰어야겠다고 맘먹고 모두가 계속 속도를 늦추면 결국에는 모두가 멈춰서는 사태가 벌어진다. 그러면 상황은 도로 원점이 된다. 펭귄들 모두 물가에 서 있고 아무도 앞으로 나서지 않는다. 다시 지구전이 시작된다.

전략 3 이봐, 밀지 마!

다큐멘터리에 포착된 펭귄 무리의 세 번째 전략은 그중 가장 깔끔하고 가장 신통한 방법이다. 적어도 내 취향에는 그렇다. 이 전략을 설명하기 위해서 펭귄 무리의 상황을 인간 군부대의 상황에 비유하고 싶다.

한 달 간의 맹훈련이 끝났다. 중대에 보상으로 휴가가 예정되어 있다. 마지막 점호를 위해 도열했을 때 갑자기 사령관이 우울한 소식을 가지고 나타난다. 중대원 중 한 명은 부대에 남아 보초근무를 해야 한다는 것이다. 사령관이 말한다. "5분 후에 다시 오겠다. 그때까지 부대에 남을 자원자를 정하기 바란다. 자원자가 없으면 전원 휴가 취소다."

청천벽력 소식을 접한 부대원들과 물가의 펭귄들은 처지가 비슷하다. 다들 누군가 나머지를 위해 자원하기를 바란다. 아무도 자원하지 않으면 아무도 먹지 못한다. 펭귄은 물고기를, 부대원은 엄마가 해주는 밥을. 군인에게는 제비뽑기나 사다리타기 같은 방법이 있지만 펭귄에게는 뽑기도 타기도 불가능하다. 남극 대륙에 제비나 사다리가 있을 리도 없다. 하지만 군인 무리와 펭귄 무리는 공통의 해결책을 하나 찾아낸다.

점호를 위해 도열한 부대원 중에 맥스가 있다. 맥스도 전우들처럼 이 상황에 화가 치민다. 하지만 잠시 후 마음을 가다듬고 옆에 있는 리틀 조의 어깨를 툭툭 친다. "야, 리틀 조, 네가 자원한다고 말한다?" 허를 찌르는 행동이다. 리틀 조뿐 아니라 맥스에게도 위험한 행동이다. 이유는 여러분도 알 거다. 당사자는 원치 않는데 맥스가 제멋대로 조를 자원자로 내모는 순간, 다른 부대원들이 오히려 맥스를 향해서 리틀 조가 아니라 그러는 네가 희생하는 게 어떠냐고 할지도 모른다. 맥스의 행동은 심하게 뜬금없고 도발적이다. 한 가지 사실만 빼면 그렇다. 사실 맥스는 중대에서 가장 덩치가 크다. 키가 장대 같고 어깨가 떡 벌어진 괴력의 사내다. 중대원 모두 이 사실을 알고 있다. 너무 잘 안다. 그래서 그들은 점잖게 리틀 조를 에워싼다. "정말이야, 리틀 조? 맥스가 그러는데 네가 남겠다고 했다며? 네가 굳이 우리를 위해서 그렇게 하겠다는데 우리가 뭐라고 하겠어? 그렇게 해, 그럼!" 사나운 맥스와 척지고 싶은 사람은 아무도 없고, 리틀 조는 울며 겨자 먹기로 자원자가 된다.

펭귄 무리도 같은 전략을 구사한다. 기다리는 게 짜증 난 펭귄 맥스는 몸통이 왜소한 축에 드는 펭귄 중 한 마리에게 뒤뚱뒤뚱 다가가 등짝을 찰싹 친다. 나는 개인적으로 동물의 인간화를 좋아하지 않는다. 하지만 왜소한 펭귄이 바다로 홀렁 떠밀려 들어갈 때 녀석의 얼굴에 맺힌 놀란 표정을 나는 똑똑히 보았다. 영화 〈카사블랑카 Casablanca〉와 〈뜨거운 것이 좋아Some Like It Hot〉 이래 내가 본 중 가장 인상 깊었던 엔딩 장면이었다. 어쨌거나 펭귄 무리는 자원자를 배출했다. 여기서 기억할 것은 맥스가 보통 펭귄이 아니었다는 점이다. 그렇게 남의 등을 떠미는 행동은 평범한 펭귄에게는 자칫 자기 발등을 찍는 매우 위험한 행동이다. 날개를 들어 남을 떠밀 때 오히려 내가 균형을 잃고 미끄러질 수도 있다. 그러면 나보다 건장한 펭귄이 이때다 하고 오히려 나를 바다에 밀어 넣을 수 있다. "미끄러진 김에 자원해!"

펭귄 무리의 고충을 좀 더 찬찬히 생각해보면, 그들이 게임 안의 게임을 하고 있다는 것을 알게 된다. 그들은 자원자 찾기 게임에 더해 '누구 옆에 서야 하나?' 게임도 한다. 등 떠밀린 펭귄은 서 있는 자리를 잘못 골랐기 때문에, 하필 맥스 근처에 있었던 탓에 억지춘향 자원자가 되고 말았다. 그러니 기억하자. 등 떠밀기 게임을 할 때는 덩치들에서 멀찍이 떨어져 선다.

동물의 세계에서 관찰되는 이른바 '이타적 행동' 이면에는 사실 전략적 이유가 숨어 있다고 보는 것이 합리적이다. 나도 진화적 게임이론의 수학적 방법들을 이용해 이타주의를 배제하고 펭귄의 상황을 설명하는 모델을 만들었다. 사실상 펭귄 전략 중 어느 것에도 이타주의는 끼어 있지 않다. 지구전에서 진 펭귄, 느리게 달리기에서 먼저 도착해버린 펭귄, 등 떠밀린 펭귄 중 어느 펭귄도 이타적 이유로 물에 들어가지 않았다. 남을 떠민 펭귄도 나름 위험을 감수했다. 떠밀다가 자기가 중심을 잃고 미끄러질 수도 있었다. 그렇다고 이 펭귄을 이타적이라고 볼 수는 없다. 같은 논리로 결국 혼자 잠수한 펭귄도 살신성인의 메달을 받을 자격이 없다. 애초에 자원할 의도 따위는 없었으니까.

진화적 게임이론은 내시 균형 개념을 멋지게 확장한다. 1967년 영국의 진화생물학자 W. D. 해밀턴W. D. Hamilton, 1936~2000이 처음으로 진화생물학에 게임이론을 적용했다. 하지만 진화적 게임이론의 원조는 이 분야를 본격적으로 개발하고 확장한 또 다른 진화생물학자 존 메이너드 스미스John Maynard Smith, 1920~2004라고 할 수 있다. 게임이론에 내시 균형이 있다면 진화적 게임이론에는 '진화적으로 안정적인 전략Evolutionary Stable Strategy, ESS'이 있다.

수학자들이 좋아죽고 남용해 마지않는 - 하지만 평범한 사람들에게는 고대 중국어보다도 어려운 - 이른바 '입실론-델타epsilon-delta' 논법을 사용하지 않고 최대한 간단히 설명하자면, ESS는 안정조건stability condition, 경제체제가 균형 상태에서 벗어났을 때 그것을 다시 균형 상태로 복귀시키는 힘이 작용하는지 여부를 판정하기 위한 조건이 하나 더 붙은 내시 균형이라고 할 수 있다. 그 내용은 이렇다. 선수 중 소수가 갑자기 전략을 바꿀 때는 원래의 전략을 고수하는 대다수의 선수들이 유리하다.

진화론과 게임이론 간의 연관성에 대해 더 알고 싶은 독자에게는 메이너드 스미스의 명저《진화와 게임이론Evolution and the Theory of Games》을 추천한다.

까마귀 역설

독일 철학자 칼 구스타프 헴펠Carl Gustav Hempel, 1905~1997은 20세기 과학철학, 특히 논리적 경험론의 대가다. 그는 (뉴욕 시립대학교 교수로 재직 중이던) 1940년에 발표한 〈까마귀 역설The Raven Paradox〉로 국제적 명성을 얻었다. 헴펠의 역설은 논리, 직관, 귀납법, 연역법을 다루는데, 특이한 점은 하필 까마귀를 걸고넘어진다는 것이다. 까마귀 역설을 내 설명 버전으로 소개해보겠다.

　어느 춥고 비 내리는 아침, 스마트슨 교수는 창밖을 보다가 문득 출근하기 싫어졌다. "나는 논리 전문가야. 내가 내 일을 하는데 필요한 건 종이, 연필, 지우개뿐이고, 그런 것들은 집에도 얼마든지 있어." 교수는 창가에 앉아 우롱차를 홀짝이며 계속 생각한다. "오늘은 무엇을 연구해볼까?" 그때 창밖 나무에 앉아 있는 검은 까마귀 두 마리가 교수의 눈에 들어온다. "까마귀들은 모두 검을까?" 그는 세 번째 까마귀를 발견했다. 오호라, 그 까마귀도 검은색이었다. "그런 것 같아." 이 주장은 반박되거나 입증되어야 한다. 하지만 어떻게? 새로운 검정 까마귀가 등장할 때마다 '까마귀는 모두 검다'는 주장의 개연성이 증가한다. 하지만 세상의 모든 까마귀를 확인하는 것은 불가능하다. 어쨌거나 스마트슨 교수는 까마귀들을 관찰하기로 한다. 보이는 족족 검은색이기를 바라면서.

교수는 창가에 앉아 기다려보지만 더는 눈에 띄는 까마귀가 없다. "밖에 나가 까마귀를 더 찾아봐야 하나?" 교수가 생각한다. 하지만 밖에 나가는 건 내키지 않는다. 애초에 이런 생각을 시작한 이유도 외출하기 싫어서였고, 비가 이제는 우박을 동반한 폭풍으로 변해 있었다. 그때 기막힌 생각이 떠오른다. '까마귀는 모두 검다'라는 진술은 '검지 않은 것은 모두 까마귀가 아니다'라는 진술과 논리적 동치라는 데 생각이 미친 것이다. 아까 말했듯 스마트슨은 논리학 교수다. 현명하고 논리적인 독자들이여, 한번 차분히 생각해보라. 이 두 가지 진술이 동치라는 것을 금방 알 수 있다.

그래서 스마트슨 교수는 '까마귀는 모두 검다'는 것을 증명하는 대신 '검지 않은 것은 모두 까마귀가 아니다'를 입증하기로 작정한다. 후자를 입증하는 데는 굳이 밖으로 나갈 필요가 없다. 종류를 불문하고 검지 않은 것이 눈에 띄는 족족 까마귀가 아니란 것만 확인하면 된다. 일이 한결 편해졌다.

우리의 교수님은 다시 창밖으로 눈을 돌린다. 단박에 셀 수 없이 많은 증거가 눈에 들어온다. 초록 잔디, 노란 낙엽, 자주색 자동차, 코가 빨간 남자, 하얀 글씨와 주황색 바탕의 간판, 푸른 하늘, 굴뚝에서 올라오는 회색 연기. 그때 갑자기 검정 우산이 눈에 들어온다. 교수는 순간 심장이 뜨끔하다. 하지만 자신의 주장은 '검은 것은 모두 까마귀다'가 아니라 '검지 않은 것은 모두 까마귀가 아니다'라는 점을 상기하고 가슴을 쓸어내린다.

그는 이제 마음 턱 놓고 집에 편안히 앉아 창문 아래 길가를 관찰한다. 검지도 않고 까마귀도 아닌 것들이 끝없이 줄줄이 눈에 들어온다. 본인의 연구 성과에 만족한 교수는 공책을 펴서 이렇게 적는다. "광범위한 연구조사를 바탕으로 나는 거의 절대적 확신을 가지고 언명하는 바이다. 까마귀는 모두 검다."

스마트슨 교수의 논리에서 잘못을 집어낼 있는가? 교수의 논리에 잘못이 있기는 한가?

하나, 둘, 낙찰입니다

이번 장은 100달러 지폐를 200달러에 파는 방법을 알려준다. 그리고 그것을 시작으로 게임이론의 주요 분야 중 하나인 경매이론을 간략하게 훑는다. 여러 가지 경매 방법을 검토하고, '승자의 저주' 현상을 짚어보고, 어떤 경매 방식이 노벨상을 탔는지 알아본다.

내 100달러 얼마에 살래요?

이 순차적 게임sequential game의 원래 명칭은 '1달러 경매Dollar Auction'다. 하지만 경매의 박진감을 더하기 위해서(물가상승 때문에 1달러는 더 이상 어떤 감흥도 일으키지 못한다), 100달러 지폐를 경매에 부친다고 가정한다. 이 게임을 누가 제시했는지에 대해서는 의견이 갈린다. 1950년에 마틴 슈빅Martin Shubik과 로이드 섀플리와 존 내시가 고안했다는 말이 있다. 예일 대학교 교수였던 미국 경제학자 슈빅이 1971년 이 게임에 관한 논문을 쓴 것은 확실하다.

게임의 규칙은 아주 간단하다. 100달러짜리 지폐가 경매에 부쳐지고, 가장 높은 가격을 부른 사람에게 팔린다. 두 번째로 높은 가격을 부른 사람은 부른 액수를 내야 하지만, 아무것도 가져가지 못하고 돈만 뜯긴다. 정말 간단하다.

나는 학생들을 상대로 자주 이 게임을 한다. 수업에 들어가서 100달러 지폐를 꺼내놓고 경매 방법을 알려준다. 최고가 입찰자에게 반드시 100달러 지폐를 주겠다고 약속한다. 해당 입찰가가 아무리 낮더라도 말이다. 학생들은 귀가 솔깃한다. 어느 수업을 막론하고 대뜸 1달러를 부르는 학생이 꼭 있다. 1달러를 불러놓고 마치 인생의 거래를 한 것 마냥 뿌듯한 얼굴로 기대앉는다. 그다음에는? 교실이 계속 잠잠하면 아까의 학생이 횡재한다. 하지만 그런 상황은 결코 일어나지 않는다. 그게 문제다. 누군가 단돈 1달러에 100달러를 꿀꺽하기 일보 직전이라는 인식이 드는 순간 2달러를 외치는 사람이 있기 마련이다. 없으면 그게 이상하다. 남이 이기는 꼴을 눈 뜨고 보고만 있으라고? 내가 그렇게 만만해? 사람에 따라서는 그런 상상만 해도 뱃속이 뒤틀린다.

누군가 2달러를 부르는 순간 먼젓번 학생은 1달러를 잃는다. 차순위자는 자신의 호가를 지불하고 빈손으로 경매장을 떠나야 한다. 그러기 싫으면 차순위자는 3달러를 외쳐야 한다. 상황이 이쯤 되면, 즉 두 번째 응찰자가 등장하면 주사위는 던져졌다고 봐야 한다. 나(판매자)는 이득을 보고 선수들은 손해를 보는 쪽으로 이미 운명의 추가 기울었다. 다른 상황이란 있을 수 없다. 가령 한 선수가 98달러를 부르고, 이어서 다른 선수가 99달러를 불렀다고 치자. 98달러 응찰자는 이제 100달러를 부르는 게 낫다. 98달러에서 멈추면 생돈 98달러가 날아간다. 그의 입장에서 최선의 방법은 100달러를 고스란히 내고 100달러 지폐를 받아서 경매장을 떠나는 것이다. 이득도 손해도 없다. 그냥 본전치기다. 그런데 과연 그렇게 될까? 그가 100달러를 부르는 순간, 이번에는 아까 99달러를 불렀던 선수가 쪽박을 찰 위험에 처한다. 그래서 99달러 응찰자는 울며 겨자 먹기로 101달러를 불러야 한다. 99달러를 뜯기는 것보다는 1달러만 손해 보고 끝나는 게 나으니까. 한편 나(판매자)는 100달러 지폐를 내주고 201달러를 착복한다. 순익이 자그마치 101달러다. 그것도 게임이 이쯤에서 끝날 때 얘기다.

그런데 과연 게임이 이쯤에서 끝날까? 게임은 과연 어디서 끝날까? 게임이 끝나기는 할까? 수학적으로는 영원히 끝나지 않는다. 현실적으로 게임은 다음 상황 중 하나가 일어나야 끝난다. (1) 선수들이 가진 돈이 떨어진다. (2) 수업 종료 벨이 울린다. (3) 선수 중 한 명이 자신이 함정에 빠졌음을 깨닫고 손해를 감수하면서 발을 뺀다.

이 게임은 탁월한 전술들이 끔찍한 전략으로 바뀔 수 있다는 것을 여실히 보여준다. 수학적 논리로 보면 입찰자들은 라운드마다 가격을 올려야 한다. 하지만 이런 논리를 따르면 어떤 결과가 빚어질까? 4달러만 손해보고 일찌감치 끝내는 것이, 300달러를 내고 100달러 지폐를 사는 것보다 똑똑한 일이 아닐까?

언젠가 한 번 이 게임을 전략적 사고 워크숍에서 써먹은 적이 있다. 이때도 100달러 지폐를 경매에 부쳤는데 호가가 290달러에 이르기까지 불과 2분밖에 걸리지 않았다. (호가는 10달러 단위로 뛰었다.) 내 관찰에 따르면 선수들은 경매의 본질을 금세 망각하고 그저 경쟁에만 열을 올렸다. 내가 이기는 것, 상대가 이기는 것을 막는 것, 그것만이 그들의 관심사였다.

사람들은 때로 매우 요상하게 행동한다. 다른 곳에서 같은 실험을 했을 때 이런 일도 있었다. 경매에 끼지 않고 현명하게 잘 있던 사람이 호가가 150달러에 이르렀을 때 난데없이 160달러를 외치는 것이 아닌가! 대체 왜 그랬을까? 아무 은행에 들어가서 100달러 지폐를 장당 160달러에 사는 것과 뭐가 다른가? 도대체 무슨 마음으로 뜬금없이 경매에 참여한 걸까?

하버드 대학교에서 열린 고위경영자 세미나에 참석했던 친구가 내게 해준 이야기도 있다. 주최자가 100달러 지폐를 경매에 부쳐서 자그마치 500달러를 벌었다는 거다. 게임 참여자들이 모두 비합리적인 바보들이었나? 꼭 그런 건 아닐 수도 있다. 잘나가는 경영인들에게 500달러는 어쩌면 껌값이다. 남들에게 나는 시작하면 끝까지 간다는 의지를 표명하기 위해 그 정도 손해는 감수한 것일 수도 있다. 우리 시대에 이런 의지 표명은 매우 중요한 신호다. 경영자들은 다시 만날 가능성이 높다. (이 경우 500달러를 투자비용으로 보는 것이 맞다.)

이미 상당한 투자를 해버렸기 때문에, 오직 그 이유 때문에 게임에서 발을 빼지 못하는 경우도 있다. 이런 종류의 행동은 일상의 크고

작은 일에서 흔하게 일어난다. 예를 들어 케이블 TV 회사 고객서비스센터에 전화했다고 치자. 통화 대기 시간이 하염없이 길어진다. 감미로운 음악이 지루함을 달래주지만 아무리 기다려도 직원은 전화를 받지 않는다. 이럴 때 여러분은 주로 무슨 생각을 하는가? "좋아, 이왕 오래 기다린 거, 지금 끊는 건 말이 안 돼." 그래서 좀 더 기다린다. 기다리고 또 기다린다. 통화 대기 음악은 뼛속까지 거슬리는 소음으로 변한 지 오래다. 기다릴수록 전화를 끊는 것이 더 우스워진다. 이미 너무 많은 시간을 투자한 탓이다.

공적기금이 민간주도 사업에 거금을 출자한 후 해당 사업이 망해도 또다시 구제기금으로 거금을 쏟아붓는 경우가 많다. 그때도 배후에서 작동하는 논리역학은 이와 다르지 않다. 같은 종류의 실수다.

'100달러 경매 게임'을 만났을 때 최선은 게임에 아예 참여하지 않는 것이다. 만약 실수로 끼게 되었을 때의 최선은 당장 그만두는 것이다. 어떤 사람이 이 게임에서 이기는 '안전한' 전략을 제시한 적이 있다. 최초 입찰가로 대뜸 99달러를 불러야 한다는 거다. 그렇게 하면 많은 이득을 볼 수는 없다. 하지만 승리(낙찰)의 기쁨은 누릴 수 있다. 개인적으로 나는 이 전략을 추천하지 않는다. 다른 사람이 갑자기 100달러를 외칠 가능성이 늘 존재하기 때문이다. 본인한테 마땅히 이득도 없는데 그 사람은 또 왜 그 상황에서 100달러를 외칠까? '그냥' 외치는 거다. 가끔은 '그냥'이 답이고 이유다.

아무튼 이미 많은 돈을 잃었다는 이유만으로 게임을 계속하는 것은 결코 좋은 생각이 아니다. 이때도 옛말 틀린 것 없다는 경험법칙

이 성립한다. 고대 그리스 속담에 이런 말이 있다. '신이라 해도 과거
는 바꿀 수 없다.'

독자들에게 작은 심리게임을 하나 제안하며 달러 경매에 대한 짧은
논고를 마치고자 한다.

　어느 명문 육군사관학교에서 비슷한 게임이 시행되었다. 20달러
지폐가 경매에 올랐다. 방식은 같았다. 다만 호가가 1달러 단위로 올
라간다. 두 생도가 겨룬다. 한 명이 20달러를 부르고 이어서 다른 생
도가 호가를 21달러로 올린 상황에 이르렀다. 이때 20달러 입찰자가
갑자기 41달러를 불러서 좌중을 놀라게 했다. 게임은 거기서 끝났다.
이 생도는 왜 그랬을까? (아랫줄에 답이 있다. 답을 잠시 가리고 생각해보자.)
　42달러를 부르면 22달러 손해니까. 어차피 뜯길 거, 22달러를 뜯
기는 것보다는 21달러를 뜯기는 게 나으니까.

경매는 게임이론에서 가장 역사 깊은 장르다. 구약 창세기에서 요셉
의 형들이 요셉을 노예상인에게 팔던 시절에도 경매는 존재했다. 역
사상 최초의 경매는 결혼이라는 설도 있다. 기원전 5세기에 활약한
그리스 역사가 헤로도토스가 당시 결혼 풍습에 관한 글을 남겼다. 혼
기가 찬 여자들을 한곳에 모아놓고, 경매인이 가장 예쁜 여자부터 경
매에 부친다. 나머지 여자들도 미美의 내림차순으로 경매에 부쳐지고
그에 따라 호가도 낮아진다. 아무도 원치 않는 여자는 도리어 신랑

측에 돈을 지불해야 했다. 마이너스 호가도 존재했다는 뜻이다. (아테네로 대표되는 고대 그리스는 남성 시민에게는 '평등'했을지 몰라도 여성 박해로 악명 높은 사회였다.)

로마 제국에서도 경매가 성행했다. 오죽했으면 193년에는 제국 자체가 경매물이 되기도 했다! 페르티낙스 황제가 군대예산을 삭감하는 개혁을 단행하다 근위대에 암살당한 후 후임 황제 후보가 여럿 나서자 권력을 잡은 근위대가 황제를 경매 방식으로 선출한 것이다. 디디우스 율리아누스가 황제 자리를 낙찰받았지만 불과 두 달 만에 셉티미우스 세베루스에게 살해당한다. 이 역사의 장면은 경매에서 이기는 것이 항상 축하할 일만은 아니란 것을 잘 보여준다.

경매에는 수없이 많은 방식이 존재한다. 그중 대표적인 것이 영국식 경매와 네덜란드식 경매, 최고가격 밀봉입찰 경매와 비크리 경매 (이등가격 밀봉입찰 경매)다.

영국식 경매

영국식 경매English auction는 판매자가 최저가(기본가)를 제시하고 입찰자들이 경쟁적으로 가격을 올리는 방식으로, 경매물은 가장 높은 가격을 제시한 입찰자에게 돌아간다. 입찰자가 많아 경쟁이 심하면 낙찰가가 높아진다. 응찰은 전화로도 이루어진다. 유명인이나 부자들은 경매장에 모습을 잘 드러내지 않는다. 그들의 참석 자체로 가격이 치솟기 때문이다.

영국식 경매에서는 가격이 연속적으로 상승하고, 그 과정에서 입찰자들이 상승하는 가격에 부담을 느껴 하나둘 떨어져 나가고 마지막에 남은 입찰자가 물건을 차지한다. 이 방식은 경매 참가자들이 경쟁자들이 제시하는 가격을 실시간으로 파악한다. 다시 말해 경쟁자들이 경매물의 가치를 얼마로 평가하는지에 대한 정보가 훤히 공개된다.

네덜란드식 경매

네덜란드식 경매Dutch auction는 구매자가 최고가(상한가)를 제시하고 판매자들이 가격을 경쟁적으로 내리는 방식으로, 구매자는 응찰가가 맘에 드는 수준에 도달하면 경매를 멈추고 그 가격을 제시한 판매자에게서 물건을 구매한다. 이런 방식을 네덜란드식으로 부르는 것은, 네덜란드의 꽃시장에서 이런 방식으로 꽃을 매매하기 때문이다.

언젠가 나는 보스턴의 골동품 상점에서 흥미로운 네덜란드식 경매를 목격했다. 상점의 물건마다 가격표가 붙었는데 가격표에는 가격만 아니라 해당 물건이 상점에 입고된 날짜도 적혀 있었다. 해당 물건이 상점에서 묵은 기간에 비례해 물건마다 다른 할인율이 적용된다. 상점에 들어온 지 오래된 물건일수록 할인 폭이 커진다는 뜻이다. 최대 할인율은 원래 가격의 80%다. 어떤 손님이 맘에 드는 의자를 하나 발견한다. 지금 사면 400달러를 내야 한다. 그는 머리를 굴려서 한 달만 있으면 의자 값이 떨어질 테니 기다리는 것이 상책이라고 결정한다. 물론 옳은 생각이다. 그동안 다른 사람이 그 의자를 사가지만 않으면.

영국식 경매에서는 심심찮게 경쟁자가 등장해 계속 호가를 올리는 모습을 볼 수 있다.

영국 대 네덜란드

이쯤에서 질문이 하나 생긴다. 어떤 방식이 더 나을까? 영국식 경매? 네덜란드식 경매?

　희귀 서적(예컨대 제임스 조이스 James Joyce의 서명이 있는 《율리시스 Ulysses》)을 네덜란드식 경매에 부친다고 가정하자. 시작 가격은 10,000달러고, 10초마다 100달러씩 떨어진다. 이 판매 방식은 잠재 구매자들에게 심한 스트레스를 준다. 누군가 시계를 멈추는 순간 경매가 끝나버리기 때문이다. 해당 책이 자신에게 줄 기쁨의 가치를 9,000달러로 보는 사람은 가격이 그 수준까지 떨어지기를 기다렸다가 입찰할 거다. 그때까지 책이 팔리지 않았다면 말이다.

그러나 영국식 경매라면 사정이 좀 달라진다. 영국식 경매에서는 가끔씩 애초 각오했던 가격보다 낮은 가격에 물건을 차지하는 행운이 따른다. 예를 들어 저자가 서명한 초판본 《율리시스》에 관심 있는 사람이 별로 없어서 내가 처음 부른 700달러가 최고 호가가 된다면 완전히 땡 잡은 거다. 9,000달러에 사려던 물건을 단돈 700달러에 얻는다. 하지만 이 방식에는 사람들이 입찰가를 계속 높이도록 부추기는 메커니즘도 작동한다. 그 메커니즘의 주요 동력은 인간의 경쟁 심리다. 책을 위해 9,000달러까지 지불할 용의가 있다고 치자. 그런데 다른 사람이 9,000달러를 부른다. 여러분이라면 9,100달러를 부르겠는가? 아마 부를 것이다. 원래 의도한 가격에서 고작 100달러 초과할 뿐이니까. 그런데 경쟁자도 끈질기다. 경쟁자가 다시 호가를 9,200달러로 올린다. 상대의 생각도 나와 다르지 않기 때문이다. 나는 여기에 응수해 호가를 9,300달러로 높여야 한다. 이런 식으로 계속 이어진다. 어디서 끝날지는 아무도 모른다.

영국식 경매에서 가격이 계속 오르는 이유는 또 있다. 경매 중에 실시간으로 얻는 정보가 중요한 원인이 된다. 설명하자면 이렇다. 어느 경매 참가자가 책의 가치를 9,000달러로 느끼지만 마음에 확신은 없다고 치자. 혹시 내가 잘못 생각하는 건 아닐까? 내가 책의 가치를 너무 높게 잡은 걸까? 과장된 가격은 아닐까? 책의 가치가 사실상 그 절반도 아니라면? 그러다 누군가 8,500달러를 부르는 걸 보면 그는 자신의 평가액에 확신을 갖게 된다. 이것은 그의 평가액이 영 비현실적인 것만은 아니라는 정보가 된다. 경매인은 종종 이 점을 노리고 경매장에 가짜 입찰자를 투입한다. 일종의 작전세력이다. 가짜 입찰인들의 역할은 당연히 가격을 끌어올리는 것이다.

영국식 경매와 네덜란드식 경매 중 어느 것이 나은지에 대해서는 의견이 심하게 갈린다. 하지만 더욱 보편적이고 대중적인 쪽은 단연 영국식 경매다. (네덜란드식으로 시작했다가 특정 가격에 이르자 그때부터 영국식으로 바꾸어 진행하는 경우도 종종 있다.)

최고가격 밀봉입찰 경매

천문학적 가격을 가진 품목(유전, 은행, 항공사 등)에 대한 경매는 흔히 최고가격 밀봉입찰 경매first-price sealed-bid auction라는 방식으로 진행한다. 영국식 경매와 네덜란드식 경매가 공개입찰 방식이라면 밀봉입찰은 말 그대로 경쟁자들이 상대의 호가를 알 수 없는 방식이다. 방법은 이렇다. 잠재 입찰자들이 지정된 입찰 기간 동안 심사숙고를 거쳐 각자 입찰가를 정한다. 그리고 입찰가를 적은 종이를 봉투에 넣어 밀봉해 제출한다. 지정된 날짜에 봉투가 모두 개봉되고 낙찰자가 발표된다. 이건 극도의 요약에 불과하다. 이 방식의 경매에는 흔히 길고 따분한 규정집이 따른다. 하지만 아무리 따분해도 입찰자라면 꼭 읽어보기를 권한다. 거기서 의외의 사항을 발견할 수도 있다. 가령 규정집에 따라서는 판매자가 반드시 최고가격을 낙찰가로 택할 의무는 없다는 조항이 있을 수 있다. 다른 가격을 낙찰가로 할 수도 있다는 뜻이다. (나의 지적인 독자여, 그 이유를 생각해보시라.)

이왕 유전을 언급한 김에 이쯤에서 '승자의 저주Winner's Curse' 현상부터 짚고 넘어가자.

이 용어의 유래는 1950년대로 거슬러 올라간다. 당시 미국 석유회사들을 상대로 멕시코 만의 석유 채굴권 경매가 있었는데, 석유 매장량을 정확히 알지 못하는 상황에서 입찰자들 사이에 과도한 경쟁이 일었고, 그 결과 높은 가격에 석유채굴권을 산 회사가 기대에 못 미치는 매장량 때문에 엄청난 손해를 본 일이 있었다. 1971년에 에드 카펜Ed Capen, 밥 클랩Bob Clapp, 빌 캠벨Bill Campbell 등 세 명의 석유 시추 엔지니어가 고위험 상황의 경쟁적 입찰에 대한 논문을 발표했고, 논문에서 당시의 상황을 '승자의 저주'로 불렀다. 이들은 경매에서 이겼을 때 마냥 좋아하기에 앞서 스스로 이런 질문을 던져보라고 권고했다. "어째서 다른 입찰자들은 내가 낙찰받은 유전이 내가 지불한 가격 이상의 가치가 있다고 보지 않은 걸까?"

석유회사의 사주가 파산해서 그 회사의 유전이 경매에 나왔고, 10개 기업이 밀봉입찰에 참여했다. 이들의 입찰가가 각각 다음과 같다고 가정하자. (단위는 달러다.) 80억, 72억, 70억, 130억, 113억, 60억, 80억, 99억, 120억, 87억.

해당 유전의 실제 가치가 얼마인지 누가 알겠는가? 가까운 미래에 석유 가격이 어떻게 변할지 누가 알겠는가? 아무도 모른다! 다만 기업들이 입찰 전에 저마다 전문가를 고용해서 이 문제를 치열하게 분석하리란 건 분명하다. 따라서 논리적으로 따졌을 때 입찰가들의 평균이 유전의 적정 가격으로 봐도 무방하다. 오히려 최고 입찰가(130억)는 유전의 실질가치와 거리가 있을 가능성이 크다. 하지만 130억이 낙찰가가 될 것은 (거의) 확실하다. 승자는 샴페인 파티를 잠시 미루고 이 점을 숙고해보기 바란다.

비크리 경매 – 이등가격과 노벨상

이등가격 밀봉입찰 경매second-price sealed-bid auction는 1996년 노벨경제학상 수상자 윌리엄 비크리William Vickrey가 처음 제시했다. 고안자의 이름을 따서 주로 비크리 경매Vickrey Auction라고 부른다. 방식은 이렇다. 경매 참가자들이 경매물에 대해 밀봉입찰을 하고, 최고가격을 제출한 사람이 낙찰받는다. 여기까지는 최고가격 밀봉입찰 경매와 같다. 그런데 막판 반전이 하나 있다. 비크리 경매에서는 낙찰자가 본인이 적어낸 가격(최고가격)이 아닌 두 번째로 높은 가격(이등가격)을 지불한다.

여기에는 어떤 논리가 있을까? 이 방식이 논리적이기는 할까? 최고가격 제출자가 가격을 지불하되, 본인이 제출한 가격보다 낮은 가격을 지불한다? 경매회사가 최고가격을 포기하고 이등가격을 받는다? 왜?

비크리 경매 방식을 쓰는 이유는 뭘까? 내가 생각하는 이유는 이렇다. 세상에는 내가 그 돈을 실제로 지불할 일이 없을 거라고 믿고 실수로 (또는 일부러) 몹시 높은 가격을 부르는 비합리적인 사람들이 많다. 나도 그중 하나가 되지 말란 법이 없다. 내가 마르셀 프루스트가 서명한 《잃어버린 시간을 찾아서À la recherche du temps perdu》 초판 경매에 참여한다 치자. 내가 그 책을 위해 감수할 수 있는 최대치는

10,000달러다. 하지만 나는 20,000달러를 써낸다. 어쨌거나 프루스트의 서명이 있는 귀하디귀한 책이다. 그리고 나는 누가 뭐래도 열혈 책 수집가다. 교활한 계책이다. 이 계책의 오류는 뭘까? 내 계책은 터무니없이 높은 가격을 적어내서 일단 승리를 확보하고 돈은 차점자가 적어낸 만큼만 내겠다는 거다. 차점자의 가격은 분명히 내 가격보다 합리적일 테니까. 과연? 문제는 보스턴에서 온 에드가 씨도 나와 같은 속셈이라는 거다. 에드가는 19,000달러를 써낸다. 내가 이기는 건 맞지만 결과적으로 나는 19,000달러를 내야 한다. 애초에 의도했던 가격보다 9,000달러나 더 내야 한다. 책방을 사는 것도 아니고 고작 책 한 권에.

그렇다면 각자 합당하다고 믿는 가격을 정직하게 부르는 게 좋을까?

그렇다. 이 난문제에 대한 해답은 뜻밖에 간단하고, 놀랍고, 비크리 경매 방식이 왜 중요한 발견인지 말해준다. 이등가격 경매는 입찰자가 정말로 지불 의사가 있는 (진짜) 최고가를 제시하게 한다. 낙찰자의 저주도 줄이고 담합을 방지하는 효과도 있다.

보다 전문적인 용어로 바꿔 표현하자면, 비크리 경매에서 입찰자들의 우월전략dominant strategy은 경매물의 실제가치를 부르는 것이다. (우월전략은 경쟁자들이 어떤 전략을 쓰든지에 상관없이 내게 다른 어떤 전략보다 유리한 전략이 있을 때 전략적 우위에 있다고 말한다. 모든 게임에 우월전략이 존재하는 것은 아니다.) 이 경우에는, 다시 말해 비크리 경매의 우월전략은 '정직이 최상의 방책'이다. 이것을 증명하자고 수학까지 동원할 필요는 없다. 그저 이 점만 생각해도 알 수 있다. 사람마다 경매물에 부여하는 가치는 다르다. 내가 생각하는 실제 가치보다 낮거나 높은 금액을 제시하면 결과적으로 어떤 일이 생길까? 두 경우 모두 실제 가치를 제시할 때보다 내게 돌아오는 이득이 적다.

월리엄 비크리가 비크리 경매를 처음 고안하고 분석한 것은 1961년이지만 그 업적으로 노벨상을 받은 것은 1996년이었다. 안타깝게도 비크리는 노벨상을 받으러 시상식이 열리는 스톡홀름 콘서트하우스에 가지 못했다. 그는 노벨상 수상자로 선정되었다는 소식을 접하고 사흘 후 세상을 떠났다.

뉴컴의 역설

뉴컴의 역설Newcomb's Paradox은 물리학자 윌리엄 뉴컴William Newcomb
이 고안한 사고실험에 기반한다. 이 실험은 확률과 심리학에 밀접히
연결되어 있다.

이 사고실험에는 아직까지 일반적으로 인정된 해법이 없다. 따라
서 다른 명목상의 역설들과 달리 역설로 불릴 자격이 충분하다. 내용
은 다음과 같다.

내 앞에 두 개의 상자가 있다. 투명한 상자에는 1,000달러가 들어
있다. 불투명한 상자에는 100만 달러가 들어 있거나 텅 비어 있다. 상
자가 불투명하기 때문에 나로서는 알 수가 없다. 내게 주어진 선택은
두 가지다. 100만 달러가 들었는지 텅 비었는지 모를 불투명한 상자
만 가져가거나, 상자 두 개를 모두 가져가거나. 물론 두 번째 선택이
더 낫다. 그런데 여기에 변수가 있다. 이 실험의 주최자는 예언자다.
그에게는 사람의 마음을 읽는 초능력이 있어서 참가자가 어떤 선택
을 할지 미리 안다. 참가자가 선택을 하기도 전에 말이다! 참가자가

불투명 상자만 가져갈 것으로 예측되면 예언자는 불투명 상자에 100만 달러를 넣어둔다. 참가자가 상자 두 개를 모두 가져갈 것으로 예측되면 예언자는 불투명 상자에 아무것도 넣지 않는다.

자, 이제 어떡해야 할까? 나보다 앞서 999명의 참가자가 이 실험에 응했다. 아니나 다를까 참가자가 상자를 두 개 다 가지면 그때마다 불투명한 상자가 빈 상자로 드러났고, 참가자가 불투명한 상자만 가지면 그때마다 해당 참가자는 백만장자가 되었다. 이제 내 차례다. 나는 어떤 선택을 해야 할까?

결정이론Decision Theory은 불확실성에 직면한 우리에게 두 가지 상반되는 원리를 제시한다. 하나는 명분의 원리다. 이 원칙에 따르면 우리는 불투명한 상자만 선택해야 한다. 우리는 이미 다른 999명이 실험에 응한 결과를 보았다. 매번 예언자의 예측이 들어맞았다. 이를 감안하면 불투명한 상자만 가지는 것이 맞다. 다른 하나는 실속의 원리다. 이 원칙에 따르면 우리는 상자 두 개를 모두 선택해야 한다. 불투명한 상자에 100만 달러가 있으면 더할 나위 없고, 만약 없더라도 적어도 1,000달러는 확보하게 된다. 두 가지 원리는 서로 모순되고 우리에게 전혀 다른 방향을 가리킨다.

뉴컴의 사고실험은 오늘날까지 논쟁의 대상이다. 지금까지 여러 유명 인사들이 이 논쟁에 참여했다. 그중에는 하버드 대학교의 정치철학자 로버트 노직Robert Nozick 교수도 있고, 과학 잡지 〈사이언티픽 아메리칸Scientific American〉의 수학 분야 편집자이자 〈이상한 나라의 앨리스Alice in Wonderland〉의 주석자로 유명한 마틴 가드너Martin Gardner

도 있다. 두 사람 모두 상자를 두 개 다 가지는 쪽을 선택했지만 이유
는 서로 달랐다.

만약 내가 이 실험에 응한다면? 나는 합리적인 과학자로서 예언은
믿지 않는다. 하지만 예측이라면 좀 믿는다. 그리고 앞서 999건의 실
험 결과를 분명히 보았기 때문에 불투명한 상자만 선택해서 100만
달러를 확보할 가능성을 높이고 싶다. 사실 어떤 선택을 해도 타당한
이유가 있다. 그것이 이 문제의 문제다. 그래서 어느 쪽이 참인지 만
족스러운 결론이 나지 않은 채 아직까지 세계적으로 가장 많이 논의
되는 문제 중 하나로 남았다. 가드너는 인간의 행동을 완벽하게 예측
할 수 있는 사람은 없으므로 이 문제에는 애당초 역설이 성립되지 않
는다고 여겼다. 하지만 만에 하나 인간 행동을 백발백중으로 예측하
는 사람이 또는 존재가 또는 컴퓨터 프로그램이 있다면, 이 문제는
논리적 역설이 된다. 그럼 어떻게 해야 할까? 상자 두 개를 모두 들고
튀어야 할까? 아니면 불투명한 상자만 가져와야 할까?

결정은 독자의 몫이다.

치킨 게임과
쿠바 미사일 위기

이번 장에서 우리는 치킨 게임을 한다. 치킨 게임은 두 가지 순수 내시 균형 전략으로 이루어져 있어서 결과 예측이 극도로 어렵다. 이 게임은 벼랑 끝 전술과 떼려야 뗄 수 없는 관계다.

치킨 게임Chicken Game은 양자대결 게임들 중 가장 대중적인 버전이다. 두 명의 운전자가 차에 올라 서로를 향해 정면으로 돌진한다. (영화라면 가급적 훔친 차량이어야 분위기가 산다.) 먼저 핸들을 꺾어서 충돌을 피하는 쪽이 게임에서 지고 영원히 치킨(겁쟁이)으로 불린다. 핸들을 꺾지 않은 사람은 게임의 승자가 되고 마을의 '짱'으로 등극한다. 둘 다 방향을 틀지 않으면 결국 정면충돌 사고로 둘 다 죽는다. 이 게임은 제임스 딘이 살았던 1950년대 미국 젊은이들 사이에서 크게 유행했고, 여러 영화에 등장했다. (내 나이 또래의 독자라면 제임스 딘과 나탈리 우드 주연의 1955년 영화 〈이유 없는 반항Revel without a Cause〉을 기억할 거다.)

당연한 말이지만 선수는 상대가 치킨이 되기를 바란다. 그래야 자신이 용자가 되는 동시에 승자가 된다. 하지만 두 선수 모두 용감하기로 작정하고 계속 달리면 결국 둘 다 죽는 최악의 사태가 발생한다. 개인적으로 나는 위험한 게임에서는 항상 회피 전략이 상책이라고 생각한다. 여기서도 나의 개인적 선택은 회피 전략이다. 나라면 깨끗이 핸들을 꺾는다. 세상에는 애초에 끼지 않은 것이 상책인 게임들도 있다는 걸 아울러 말해둔다. 하지만 게임을 피할 수 없는 상황이고, 어쩔 수 없이 선택해야 한다면?

이런 장면을 상상해보자. 내 앞에 도로가 뻗어 있다. 나는 차 옆에 서서 도로를 굽어본다. 내 경쟁자도 도로 저편에서 내 쪽을 굽어보고 있다. 구경꾼 무리 어딘가에 내가 짝사랑하는 여자가 있다. 그녀는 내가 분별 있는 마음과 건전한 정신으로 게임을 포기하는 모습을 보면 내게 실망할 것이 분명하다. 나는 어떻게 해야 할까?

두 선수(편의상 A와 B라고 하자)는 극과 극의 두 가지 전략 중 하나를 택할 수 있다. 직진bold 또는 회피chicken. 둘 다 회피를 택하면 둘 다 잃는 것도 얻는 것도 없다. A가 직진을 택하고 B가 회피를 택하면 A는 재미 10점을 얻고(재미의 정의는 각자 정하기 바란다), B는 재미 1점을 잃는다. A는 군중의 환호를 받고(재미있다), B는 야유를 받는다(재미없다). 둘 다 직진을 결심하고 끝내 충돌사고를 일으키면 둘 다 재미 100점을 잃는다. 회복과 재활에 낭비되는 시간과 엄청난 액수의 자동차 수리

비는 별도다.

	직진	회피
직진	(–100, –100)	(10, –1)
회피	(–1, 10)	(0, 0)

이 게임에서 내시 균형은 무엇일까? 내시 균형이 있기는 할까? 두 선수 모두 회피 전략을 택하는 것은 내시 균형이 아니다. A가 회피를 택할 때 B도 회피를 택하는 것은 B의 입장에서 최선의 이익이 아니다. A와 달리 B는 대담하게 직진을 택해야 재미 10점을 챙길 수 있다. 두 선수가 함께 직진 전략을 택하는 것도 내시 균형이 아니다. 둘 다 직진하면 결과는 충돌이고 둘 다 재미 100점을 잃는다. 두 선수 모두 후회할 최악의 결과다.

여기서 중요한 것은, B가 죽어도 직진할 작정임을 안다면 A는 회피 전략을 써야 한다는 것이다. 체면은 구기겠지만 같이 직진하는 것보다는 손해가 적다. 두 선수 모두 이판사판으로 직진하는 게임의 끝에는 모두에게 파국만이 있을 뿐이다.

나머지 두 경우도 살펴보자.

A가 직진 전략을 택하고, B는 회피 전략을 택한다고 가정하자. A는 10점을 얻는다. 이때 A는 전략을 바꾸면 안 된다. 같이 회피하면 이득이 없어지니까. 이때 B는 1점을 잃는다. 그런가 하면 B도 자신의 전략(회피 전략)을 고수해야 한다. (A처럼) 직진을 택하면 100점이나 잃

기 때문이다(99점이나 더 손해다). 따라서 A가 직진하고 B가 회피하는 상황은 (놀랍게도) 내시 균형에 해당한다. 누구도 현재의 전략을 바꾸면 손해가 되는 상황이니까.

문제는 정반대의 경우도 마찬가지라는 것이다. 정반대의 경우란 두 선수의 역할이 바뀌는 상황이다. 즉 B가 용감무쌍하게 직진하고 A가 비겁하게 회피하는 상황이다. 이 상황도 아까와 같은 이유로 내시 균형을 이룬다.

다시 말해, 직진과 회피의 조합은 상대가 선택을 바꾸지 않는 한 이쪽도 선택을 바꿀 필요가 없다는 점에서 안정적이다. 하지만 자신이 어떤 입장이 되느냐에 따라 이득의 양은 크게 달라진다. 이렇게 한 게임에 두 가지 내시 균형이 존재하면 곤란하다. 게임이 어떻게 끝날지 전혀 예측할 수 없기 때문이다. 두 선수 모두 더 유리한 내시 균형을 추구해서 둘 다 용감무쌍을 선택했다가는 둘 다 볼썽사나운 몰골로 게임을 마치게 된다. 그렇다고 두 선수 모두 이 점을 이해하고 둘 다 회피를 선택해도 꼴이 우스워진다. 이처럼 이 게임은 첫눈에는 단순해 보일지 몰라도 들여다보면 매우 복잡한 양상을 보인다. 여기에 감정적 요소까지 변수로 작용하면 상황이 어떻게 풀릴지는 그야말로 오리무중이다.

선수가 좋아하는 여자가 구경꾼 틈에서 이 광경을 지켜보고 있다고 생각해보자. 이 선수 입장에서 게임에서 졌을 때 재미 1점을 잃는 건 그리 큰 아픔이 아니다. 여자의 애정을 잃는 것이 더 괴롭다. 여자에게 비호감이 되느니 차라리 상대 차와 충돌하는 게 낫다. 거기다

적이 이기는 꼴을 보고 싶은 사람은 없다. 대개는 그런 생각만 해도 배가 아프다.

이런 변수들까지 가세하면 게임의 향방은 더욱 미궁에 빠진다. 이 상황에서 승리 전략을 집어내기란 불가능하다. 다만 한 가지 묘수가 있기는 하다. 심지어 영화에도 여러 번 등장했다. 이 묘수를 속칭 '미치광이 전략madman's strategy'이라고 한다. 내용은 이렇다. 선수 중 한 명이 고주망태가 되어 도착한다. 누가 봐도 인사불성이다. 그래도 못 본 사람이 있을까 봐 그는 현장에 도착하자 빈 술병들을 차 밖으로 던지며 자신의 상태를 만천하에 알린다. 그래도 자신의 의도를 파악하지 못한 사람이 있을까 봐 그는 보란 듯이 새카만 선글라스까지 꺼내 쓴다. 그의 눈에는 이제 도로조차 보이지 않는다. 미치광이 운전자는 거기서 그치지 않는다. 운전 중에 핸들을 뽑아 차창 밖으로 던져버린다. 이보다 더 확실한 신호는 없다. 갈 데까지 가겠다는 거다.

미치광이 선수가 선포하는 메시지는 이렇다. "회피란 내 사전에 없다. 나는 이판사판이다. 끝까지 간다." 상대 선수는 신호를 접수한다. 그는 이제 상대가 직진 전략을 선택했다는 것을 알게 되었다. 따라서 적어도 이론적으로는 자신이 회피 전략을 써야 한다는 것도 안다. 논리적으로 그리고 수학적으로 그것이 자신에게 유리한 옵션이다. 하지만 우리가 기억해야 할 것이 있다. 사람들에게는 비이성적 선택을 하는 경향이 있다는 것. 최악의 시나리오도 고려할 필요가 있다. 두 선수 모두 미치광이 전략을 쓰면 어떻게 될까? 둘 다 고주망태가 되어 나타난다면? 그래서 똑같이 까만 선글라스를 집어쓰고 운전대를 뽑아 버린다면? 상황은 다시 교착상태에 빠진다. 다시 말하지만 처음에는 단순해 보이는 게임도 따지고 보면 복잡하게 꼬여 있다.

게임이론을 다루는 책마다 빠지지 않고 등장하는 사건이 있다. 바로 쿠바 미사일 위기다. 이 사건은 치킨 게임의 가장 유명한 현실사례다. 미국과 소련의 극단적 군비경쟁이 한창이던 1962년 10월 15일, 소련 공산당 서기장 흐루쇼프가 미국 해안에서 겨우 200km 떨어진 쿠바에 핵탄두 미사일을 배치한다는 계획을 세우고 실제로 미사일 기지 건설에 들어갔다. 흐루쇼프는 당시 미국 대통령 존 F. 케네디에게 이런 신호를 날린 것이다. "나 봐라. 내 차가 너를 향해 똑바로 돌진하고 있다. 나는 검은 안경도 썼고, 알딸딸하게 취했고, 곧 운전대도 뽑아 버릴 작정이다. 이제 어쩔 테냐?"

케네디는 당장 보좌진을 불러 모았고, 보좌진은 대통령에게 다음과 같은 다섯 가지 선택지를 제시했다.

1. 아무 조치도 취하지 않는다.

2. UN에 연락해 항의한다. (사실상 1번과 다를 게 없는 선택이다. 심지어 1번이 더 낫다. 2번은 내가 무슨 일이 일어나는지 알면서도 아무것도 하지 않는 것을 대내외에 널리 알리는 셈이다.)

3. 해당 지역을 봉쇄해서 물자수송과 교통을 차단한다.

4. 소련에 최후통첩을 한다. "소련이 미사일을 철수하지 않으면 미국은 소련에 대한 핵전쟁을 불사한다." (내 생각에는 이것이 가장 어리석은

5. 소련에 대해 핵전쟁을 개시한다.

10월 22일, 케네디는 쿠바에 대한 해상 봉쇄를 선언한다. 다섯 가지 가운데 3번을 선택한 것이다.

미국의 선택은 전쟁도 마다하지 않겠다는 초강수였다. 이는 케네디 역시 술을 마셨고, 주머니 안에 검은 안경이 있으며, 운전대를 뽑아 버릴 수 있다는 신호에 해당했다. 두 나라는 일촉즉발의 충돌 위기로 치달았다. 훗날 케네디는 당시 핵전쟁 발발 가능성을 개인적으로 30%와 50% 사이로 보았다고 말했다. 핵전쟁 발발은 곧 세계 종말로 이어질 수 있다는 점에서 상당히 높은 가능성이다.

쿠바 미사일 위기는 전쟁 목전까지 갔다가 막판에 소련이 쿠바에서 철수를 선언하며 다행히 평화적으로 막을 내렸다. 당시 미국과 소련 사이에서 중재자 역할을 한 영국의 철학자이자 수학자 버트런드 러셀Bertrand Russell의 공도 없지 않다. 어쨌든 중요한 건 흐루쇼프가 핸들을 꺾었다는 것이다. 예상치 못한 결과였다. 흐루쇼프는 그동안 서방세계에 자신은 언제라도 미치광이 전략을 쓸 수 있는 선수라는 신호를 끊임없이 보내던 인물이었다. 러셀은 쿠바 위기는 여느 치킨 게임과 달리 비대칭 게임이라는 것을 (즉 양편이 가진 정보가 불균형하다는 것을) 간파했다. 소련의 관제언론이 흐루쇼프에게 막판에 물러설 기회와 명분을 제공했다. 소련에 자유언론이 없다는 사실이 역설적으로 지구를 핵전쟁에서 구한 셈이다. 언론이 통제되는 나라에서는 패

쿠바 미사일 위기는 고도의 협상 전략이 필요한 외교에 있어서도
게임이론이 작용하고 있다는 것을 잘 보여준다.

배가 승리로 포장될 수 있다. 아니나 다를까 당시 소련 언론은 상황
을 딱 그렇게 해석했다. 흐루쇼프와 케네디는 명예로운 해법을 찾았
다. 소련은 쿠바에서 미사일을 철거하고, 미국도 언젠가는 터키에 배
치한 미사일을 해체하기로 합의했다.

자원자 딜레마

치킨 게임은 '자원자 딜레마' 게임의 흥미로운 확장판이라고 할 수
있다. 자원자 딜레마의 펭귄 버전은 이미 7장에서 논했다. 치킨 게임
에서 자원자는 환영받는다. 두 선수 중 한 명이라도 자동차 방향을
돌려 충돌사고를 피하면 두 선수 모두에게 이루 말할 수 없이 좋은

일이 된다.

전형적 자원자 딜레마 게임은 사실 선수가 두 명이 아니라 다수다. 그중 한 명이라도 자진해서 본인의 불편이나 비용을 감수하고 무언가를 하면 선수 모두가 이득을 얻고, 자원자가 단 한 사람도 없으면 모두가 손해를 본다.

윌리엄 파운드스톤William Poundstone의 책 《죄수의 딜레마Prisoner's Dilemma》에 자원자 딜레마의 사례가 여럿 나온다. 그중 하나가 이거다. 어느 고층아파트에 정전이 발생한다. 주민 중 한 명이 전력회사에 전화하면 문제가 해결된다. 이것은 자원 행동치고 아주 쉬운 일이다. 따라서 이때는 누군가가 행동에 나서서 건물 전체에 다시 불이 들어오도록 조치할 가능성이 높다. 이때 파운드스톤은 좀 더 난감한 상황을 제시한다. 북극 지방의 어느 이글루에 여러 주민이 공동생활을 한다. 이글루 안에는 전화가 없다. 따라서 자원자는 영하의 기온에 눈을 헤치고 5km를 걸어서 도움을 청하러 가야 한다. 누가 자원할까? 문제는 어떻게 풀릴까?

물론 자원자가 이보다 훨씬 비싼 대가를 치러야 하는 경우도 있다. 2006년 이스라엘 방위군 대위 로이 클라인은 그의 소대로 날아든 수류탄 위로 몸을 던졌다. 그는 그 자리에서 즉사했지만 부하들은 목숨을 건졌다. 미국과 영국의 전쟁사에도 이런 상황이 종종 등장한다. 흥미롭게도 미국 육군의 행동지침서에는 이런 상황에 대비한 규정이 있다. '병사들은 자원해서 지체 없이 수류탄 위에 엎드릴 것.' 좀 황당한 지시다. 누군가 자기를 희생해야 하는 것은 분명하다. 하지만 그 사람이 누구여야 하는지는 별개의 문제다. 현장에 군인이 한 명밖에 없고 그 사람이 수류탄 위에 엎드려도 이상하기 짝이 없지만, 현장에 있는 군인들이 일제히 수류탄 위로 몸을 던지는 것도 황당한 일이다. 이 규정에는 야릇한 추정이 깔려 있다. '이런 규정이 있어도 모두가 일제히 규정을 따르지는 않을 것이다. 다만 누군가는 반드시 복종해야 한다. 그리고 누군가는 그럴 것이다.'

파운드스톤의 책에는 이런 사례도 있다. 몹시 엄격한 기숙학교에서 학생들 몇몇이 학교 종을 훔친다. 교장은 전교생을 소집해서 이렇게 으름장을 놓는다. "범인이 누구인지 말하면 범인에게만 한 학기 F를 주고 다른 학생들은 처벌하지 않겠다. 하지만 말하는 사람이 아무도 없으면 전교생이 F를 받는다. 그것도 한 학기가 아니라 한 학년 동안 F를 받는다."

이런 상황이면 누군가 고발자로 나서는 것이 합리적이다. 아무도 나서지 않으면 모두가 일 년 내내 F를 받는다. 이론적으로는 고발자가 있는 것이 심지어 범인에게도 유리하다. '누군가 나를 고발하면 한 학기만 낙제지만, 아무도 나를 고발하지 않으면 한 학년 낙제야.' 이 이야기의 학생들이 합리적인 이론가라면 누군가 자진해서 총대를 메고 전우들을 구할 것이다. (도둑 자신이 나설 수도 있다.) 또는 반대로 남들도 자신과 똑같이 생각할 거라고 믿고 서로 고발을 미루다가 결국 아무도 나서지 않을 수도 있다. 그 결과는 전교생이 일 년 내내 낙제라는 어처구니없는 사태다.

이렇듯 이 게임이 실제로 어떻게 흘러갈지는 분명치 않다. 다만 자원자 딜레마에 대한 비교적 간단한 수학적 모델이 있다. n명의 사람들이 한방에 모여 있다. 이중 최소 한 명이 자원자로 나서면 전원이 두둑한 상금을 받는다. 다만 자원자는 상금에서 위험비용을 제한 금액을 받는다.

분명한 건, 이 게임에는 순수 내시 균형 전략이 없다. 남들이 모두 자원한다면 나까지 자원할 이유가 없기 때문이다. (순수 전략이란 게임에서 선수가 하나의 전략을 선택하고 고수해야 하는 상황을 말하고, 혼합 전략은 선수가 여러 전략을 적절히 혼합해서 쓰는 상황이다.) 나는 위험을 감수하지 않고 남이 위험을 감수하면 나는 상금을 전액 받는다. 그렇다고 몸을 사리는 것도 내시 균형 전략이 아니다. 아무도 자원하지 않으면 누구도 상금을 타지 못한다. 그러느니 나라도 자원해서 위험비용을 뺀 상금을 받는 것이(위험비용이 상금보다 적다는 것을 전제한다) 아무것도 못 받는 것보다 낫다.

이 게임에 순수 내시 균형 전략은 없어도 혼합 전략은 있을 수 있다. 즉 자원자가 발생하려면 복합적 조건이 필요하다. 이 조건은 수학적으로 추산될 수 있고, 참가자의 수와 상금과 위험비용의 격차에 연동한다.

상금 대비 위험비용이 높을수록 자원자가 나설 가능성이 낮다. 이것이 첫 번째 예상 결과다. 두 번째로 유효한 결론은, 참가자 수가 많을수록 사람들의 자원 의욕이 떨어진다는 것이다. 내가 하지 않아도 누군가 할 거라는 기대가 증폭되는 탓이다.

이쯤에서 '방관자 효과 bystander effect'라고 부르는 사회현상의 뿌리를 짚어보지 않을 수 없다.

'나 아니어도 누군가 딴 사람이 하겠지'라는 생각은 때로 참혹한 결과로 이어진다. 가장 유명한 실례가 캐서린 제노비스Catherine Genovese 사건이다. 제노비스는 1964년 뉴욕의 아파트단지에서 강도에게 살해당했다. 당시 이웃주민 수십 명이 범행과정을 지켜보았지만 누구 한 사람 현장에 개입해 피해자를 돕지 않았고(이 경우 자원자가 상당한 위험비용을 치를 수 있다), 경찰에 전화하는 간단한 조치조차 취하지 않았다(이 경우 자원자가 치를 위험비용은 거의 없다).

이 목격자들, 아니 방관자들의 행태를 어떻게 이해해야 할까? 분명한 것은 때로 사람들은 경찰에 신고하는 간단한 일조차 자진해서 하지 않는다는 것이다. 이런 현상은 수학적 모델보다 사회학과 심리학 쪽에서 설명을 구하는 것이 낫다. 사람들의 자발성은 그들이 속한 공동체나 사회의 결속 정도와 그들 자신의 사회적 가치관에 크게 영향받는다.

제노비스 사건 10년 후인 1974년, 역시 뉴욕에서 산드라 잘러 Sandra Zahler라는 여성이 제노비스와 매우 비슷한 상황에서 살해당했다. 그리고 이번에도 그녀의 이웃들은 비명과 몸싸움 소리를 듣고도 아무런 조치를 취하지 않았다. 이 사건들을 계기로, 특정 상황에 관여하는 사람의 수가 많을 때 일어나는 책임감의 분산과 불개입 현상을 '제노비스 신드롬Genovese Syndrome'이라고 부른다.

자원자 딜레마의 또 다른 사례를 보자. 이번에는 과학학술지 〈사이언스Science〉가 시행한 실험이다. 〈사이언스〉지는 독자들에게 20달러와 100달러 중에서 원하는 금액을 써 보내라고 하면서 써 보낸 금액을 지불하겠다고 약속했다. 다만 조건이 있었다. 100달러를 요구한 독자의 수가 전체 응답자의 20%를 넘지 않아야 돈을 받을 수 있었다. 만약 100달러를 요구한 사람이 전체 참가자의 20%를 넘으면 모두 한 푼도 받지 못한다.

만약 내가 이 게임의 참가자라면 나는 어떤 궁리를 하게 될까? 100달러가 20달러보다 좋다. 그건 분명하다. 하지만 너도나도 100달러를 요구했다가는 우리 모두 빈손이다. 남들도 바보가 아닌 이상 이 정도 상황파악은 한다. 따라서 당연히 잡지사에 100달러가 아니라 20달러를 써 보낼 거다. 그렇다면 내가 티핑포인트 tipping point, 변화가 쌓이다가 상황이 반대로 뒤집어지는 포인트 가 – 다시 말해 탐욕스러운 독자의 수를 20% 초과로 만드는 사람이 – 될 가능성이 상당히 낮아진다. 그러니까 나는 100달러를 써 보내야지. 물론 나처럼 생각하는 독자들이 많으면 나는 땡전 한 푼 받지 못한다. 이 실험의 실제 결과는 어땠을까? 잡지사에 편지를 보낸 독자의 3분의 1 이상이 100달러를 요구했고, 잡지사는 덕분에 돈이 굳었다.

사실 실험 주최 측은 애초에 돈을 쓸 계획이 없었다. 잡지사는 성공을 확신하고 실험을 진행했다. 게임 이론가들, 특히 심리학자들이 잡지사 측에 용기를 주었을 거다. 100달러를 달라는 사람들이 20% 미만일 확률은 매우 낮다.

늘 그렇듯 보기만큼 단순한 건 세상에 별로 없다. 나도 학생들을 대상으로 자원자 딜레마를 여러 번 실험했다. 내가 쓴 방법은 이렇다.

학생들에게 가산점을 1점 받고 싶은지 5점 받고 싶은지 정해서 적어내라고 한다. 각자 적어낸 대로 점수를 올려주겠지만, 5점을 원하는 학생 수가 20% 미만일 때에 한해서이며, 5점을 원하는 학생 수가 20%를 넘으면 전부 없던 일로 한다고 경고한다. 내 학생들은 결코 보너스 점수를 얻지 못했다. 딱 한 번만 빼고 그랬다. 바로 심리학과 강의 때였다.

거짓말, 새빨간 거짓말 그리고 통계

이번 장에서는 통계데이터를 좀 더 잘 이해하고 통계의 거짓말을 발견하는 데 도움이 되는 몇 가지 유용한 도구를 제공한다. 불행히도 통계데이터를 어떻게 요리하느냐에 따라 세상 어떤 주장도 비교적 쉽게 증명된다. 조작이 가능하다는 얘기다. 우리가 일상에서 만나는 재미있는 예시들을 사용해 통계의 허와 실을 파헤친다.

사람들은 의사결정의 근거와 기준으로 자주 수치에 의존한다. 그것도 아주 많이 수치에 의존한다. 수치 데이터의 분석과 이해를 다루는 학문을 우리는 통계라고 부른다.

영국 소설가 허버트 조지 웰스Herbert George Wells, 1866~1946는 "언젠가 통계적 사고가 읽기쓰기 능력처럼 유능한 시민의 자격요건이 될 것이다"라고 예견했다. 실제로 오늘날 우리는 통계데이터에 묻혀 산다. 신문을 펼치고, TV 뉴스를 틀고, 인터넷을 검색할 때마다 좋든 싫든 다량의 통계학 용어와 수치들을 접하게 된다.

본질을 호도하는 통계

몇 해 전 나는 어느 유력 일간지에서 과속이 교통사고와 상관없다는 뉴스보도를 접했다. 차량이 시속 100km 이상으로 달릴 때 발생하는 교통사고는 전체 교통사고 건수의 2%에 불과하다는 통계데이터에 근거한 주장이었다. 이 말은 시속 100km가 상당히 안전한 주행속도라는 뜻으로 해석될 수 있다. 비록 신문에 발표된 내용이라 해도 이것은 명백히 틀린 결론이다. 이 말이 옳다면 어째서 시속 100km만 안전하겠는가? 이왕 쓰는 거 팍팍 써보자. 내가 수집한 데이터에 의하면 시속 300km에서는 아무 사고도 일어나지 않는다. 따라서 교통안전국은 운전자들에게 안전속도 시속 300km를 유지하라는 지침을 내려야 한다. 아예 시속 300km 이하로 운전하는 것을 금지하는 법을 만들어서 거기다 내 이름을 붙여 샤퍼라 법이라 불러도 좋다.

농담은 이쯤하고 심각하게 따져 보자. 신문기사는 데이터의 다른 중요한 부분들을 제공하지 않았거나 일부러 누락했다. 예컨대 운전자들의 전체 운전 시간에서 해당 속도로 주행하는 시간의 비중을 밝히지 않았다. 해당 속도가 정말로 안전한지 아니면 오히려 위험한지 판단하려면 이 점을 반드시 고려해야 한다. 운전자들이 시속 100km 이상으로 주행하는 시간이 전체 주행 시간의 2%이고, 전체 교통사고의 2%가 해당 시간에 발생한다면, 해당 속도를 '규범적' 주행속도라고 할 수 있다. 다시 말해 다른 주행속도에 비해 딱히 안전하지도 위험하지도 않은 주행속도라는 뜻이다. 하지만 우리가 시속 100km로 운전하는 시간이 전체 운전 시간의 0.1%에 불과한데도 그 시간 동안 전체 교통사고의 2%가 발생한다면, 그 주행속도는 매우 위험한 속도가 된다.

최근 이스라엘에서 발표된 한 조사보고서에 여자가 남자보다 운전을 잘한다는 내용이 있었다. 맞는 말일 수도 있다. 하지만 해당 보고서는 이런 결론의 근거로 좀 해괴한 이유를 댔다. 이스라엘에서 중대 교통사고에 연루되는 사람들이 여자보다 주로 남자라는 것이었다. 하지만 이 정보는 우리에게 어떤 메시지도 주지 못한다. 이스라엘을 통틀어 여성 운전자가 딱 두 명 있고, 그 두 명이 작년에 800건의 중대 자동차 사고에 연루된 반면, 남성 운전자 100만 명은 1,000건의 중대 자동차 사고에 연루됐다고 가정하자. 여성 운전자 1인당 연평균 사고 건수는 400건이다(하루에 1건이 넘는다). 이때도 여성 운전자가 운전을 잘한다고 할 수 있을까?

영국 신문 〈더 텔레그래프The Telegraph〉의 인터넷 사이트에 2016년 2월 21일에 게재된 한 기사에 따르면, 적어도 영국에서는 실제로 여자들이 남자들보다 운전을 잘한다. 기사의 내용은 이러하다. "여성 운전자가 주행 테스트뿐 아니라 영국에서 가장 혼잡한 교차로 중 하나인 하이드파크 코너Hyde Park Corner에서 시행한 관찰 조사에서도 남성 운전자를 앞서는 것으로 나타났다."

같은 데이터로 얼마든지 다른 그래프를 그릴 수 있다. 예를 들어보자. 어느 기업의 주가가 2015년 1월과 2016년 1월 사이에 27달러에서 28달러로 올랐다. 우리 시대는 컴퓨터 시대다. 사람들은 이렇게 간단한 정보도 말보다는 그래프나 도표로 표현해야 직성이 풀린다. 그런데 그래프를 어떻게 그려야 잘 그렸다는 말을 들을까? 청중이 누구냐에 따라 달라진다.

세무당국에 제출하는 자료라면 다음의 그래프를 추천한다. 이 그래프에서는 상황이 그다지 좋아 보이지 않는다. 그것이 한눈에 느껴진다. 그래프가 죽은 사람의 맥박을 떠오르게 한다. 아무리 냉혹한 국세청 요원이라 해도 가슴이 찢어지지 않을 수 없다.

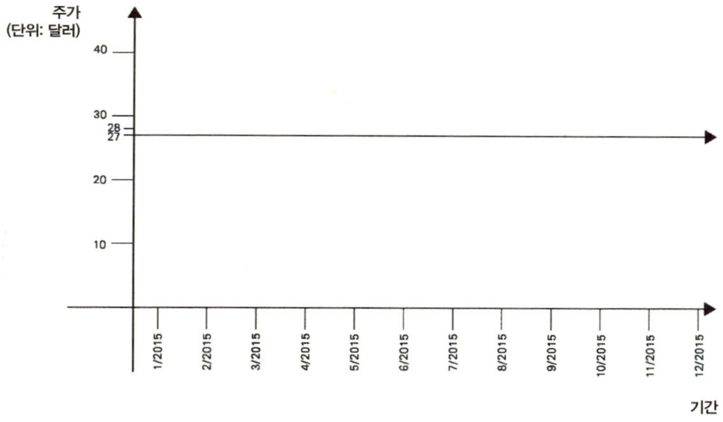

반면 같은 데이터를 이사회에 보고할 때는 그래프를 살짝 손봐서 다음과 같이 제시하는 것이 좋다. 하늘 향해 치솟은 저 화살을 보라!

1년 새에 급등했음을 보여줄 뿐 아니라 앞으로도 계속 상승세를 유
지할 것이라는 희망까지 심어준다.

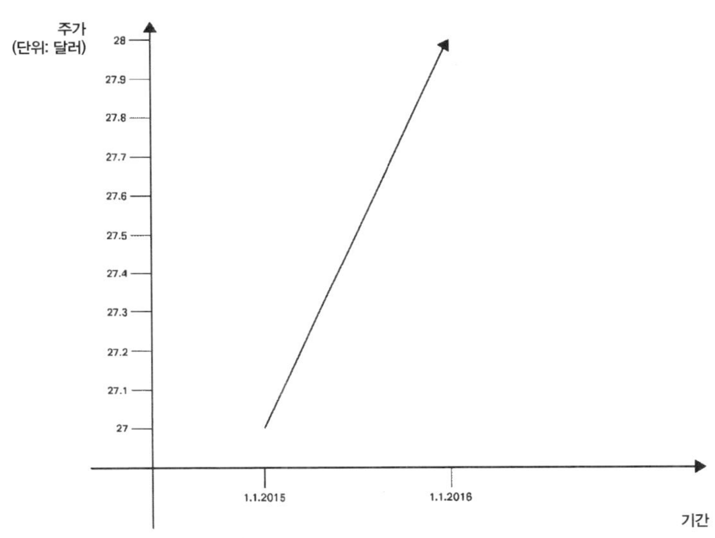

두 그래프의 주된 차이는 눈금의 차이다. 여러 가지 자 중에 입맛에
맞는 자를 골라 썼다는 뜻이다. 약간의 상상력과 노력만 기울이면 같
은 데이터도 필요에 따라 얼마든지 다른 분위기로 표현할 수 있다.

한 TV 광고에서 동종업체 3개사의 소비자만족도 조사 결과를 그
래프로 비교했다. 당연한 말이지만 광고를 낸 업체의 점수가 10점 만
점에 7.5점으로 가장 높았다. 두 경쟁사는 각각 7.3점과 7.2점이었다.
그래프는 조사대상자의 수는 알려주지 않았다. 따라서 세 업체 간의
차이가 정말 그런지, 유의미한 차이인지 알 도리가 없다. 좌우간 문제
의 그래프는 이러했다.

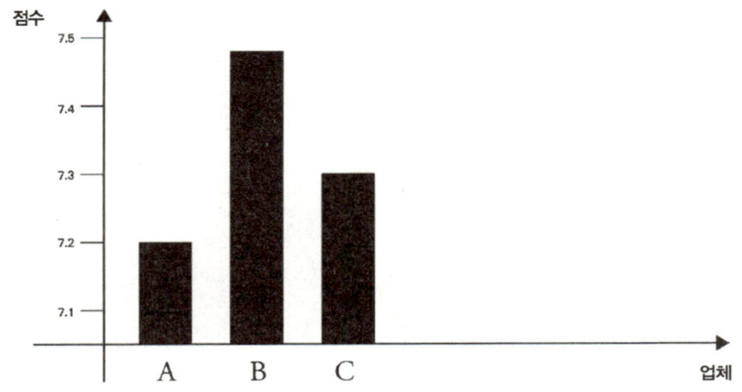

이 막대그래프는 광고를 낸 업체가 경쟁사들에 단연 앞서 있다는 인상을 준다. 과연 그럴까?

영국의 정치가이자 저술가인 벤저민 디즈레일리Benjamin Disraeli, 1804~1881는 세상에는 세 가지 종류의 거짓이 존재하는데 그것은 '거짓말, 새빨간 거짓말 그리고 통계lies, damned lies, and statistics'라는 명언을 남겼다. 그런데 이 이야기 자체도 사실이 아닐 수 있다. 미국 소설가 마크 트웨인Mark Twain, 1835~1910은 이 명언을 디즈레일리의 것으로 돌렸지만, 디즈레일리가 실제로 이 말을 하는 것을 들었다는 사람도 없고, 그가 남긴 글이나 문서 어디에도 이 말을 찾을 수 없다.

심슨의 역설

1973년 캘리포니아 대학교 버클리 캠퍼스 당국이 학생 선발 과정에서 성차별 의혹을 받았다. 조사위원들이 대학원 입학자 현황을 검토했더니 전체적으로 남자가 8,000명, 여자가 4,000명 지원했다. 문제는 남자 중 합격생의 비중이 여자의 경우보다 훨씬 높았다는 것이다.

(다시 말해 남자의 합격률이 여자의 합격률보다 높았다.) UC 버클리는 성차별로 고소당했다. 하지만 이 경우 정말로 여성 차별이 있었다고 볼 수 있을까? 조사위는 이번에는 입학 현황을 학과별로 쪼개서 검토했다. 그랬더니 놀라운 결과가 나왔다. 학교가 고소당할 이유가 있다면 그것은 여성 차별이 아니라 반대로 남성 차별이었다. 모든 학과에서 비중으로 따졌을 때 남자보다 여자를 더 합격시킨 것으로 나타났다. 결과적으로 남자 지원자보다 여자 지원자를 선호한 것이다.

통계나 분수계산법에 익숙하지 않은 사람들은 전체적으로 비교했을 때와 부분적으로 비교했을 때 어떻게 반대의 결론이 날 수 있는지 쉽게 납득하지 못한다. 모든 학과에서 여자의 합격률이 남자보다 높았다면, 대학 전체로 봤을 때도 같은 결과가 나와야 하지 않나? 하지만 그렇지 않은 경우가 있다.

이렇게 통계에서 부분별 분석과 전체의 분석이 상충하는 현상이 학계에 널리 알려지게 된 것은 영국 통계학자 에드워드 H. 심슨Edward H. Simpson, 1922~의 1951년 논문 〈분할표의 상호관계 분석The Interpretation of Interaction in Contingency Tables〉을 통해서였다. 그 후 그의 이름을 따서 이 현상을 '심슨의 역설' 또는 '율-심슨 효과Yule-Simpson Effect'라고 부른다. (다른 영국 통계학자 우드니 율Udny Yule이 앞서 1901년 같은 현상을 언급한 바 있다.) 심슨의 역설을 UC 버클리의 실제 합격률 데이터로 설명하면 복잡하니까 간단한 가상의 데이터를 만들어 설명해보자.

수학과와 법학과만 있는 대학이 있다고 가정하자. 수학과에 여학생 100명과 남학생 100명이 응시해서 각각 여학생 60명(60%)과 남학생 58명(58%)이 합격했다. 즉 수학과는 여성 응시자를 선호한 것으로 나타난다. 한편 법학과에는 여학생 100명이 응시해서 그중 40명(40%)이 붙었고, 남학생은 달랑 세 명만 응시해서 그중 한 명이 붙었다. 세 명 중 한 명은 40%보다 낮으니까 법학과도 역시 여성 응시자를 선호한 것으로 나타난다. 두 학과 모두 여성 응시자를 선호했다. 그런데 수치들을 통합해 대학 전체로 보면, 여자의 경우는 전체 응시자 200명 가운데 100명이 합격해서 50%의 합격률을 보이고, 남자의 경우는 전체 응시자 103명 가운데 59명이 합격해서 약 57%의 합격률을 보인다. 이때는 학교가 남성 응시자를 선호한 것으로 나타난다. 결과가 홀렁 뒤집혔다.

어째서 이런 요술 같은 일이 일어난 걸까?

난해한 전문용어를 배제하고 직관적으로 설명하기로 한다. 데이터를 표로 다시 보자.

수학과	응시자 수	합격자 수	합격률
여자	100명	60명	60%
남자	100명	58명	58%

법학과	응시자 수	합격자 수	합격률
여자	100명	40명	40%
남자	3명	1명	약 33%

수학과	응시자 수	합격자 수	합격률
여자	200명	100명	50%
남자	103명	59명	약 57%

딱 보기에도 법학과가 수학과보다 야박하게 뽑았다. 그렇지만 여자의 경우 법학과에도 수학과처럼 많은(100명) 응시자가 몰렸고, 결과적으로 법학과 합격률이 수학과 합격률을 상당히 깎아 먹었다. 응시자 수가 두 학과 모두 같다는 것을 고려하면 여자 응시자의 전체 합격률은 60%와 40%의 평균, 즉 50%다. 하지만 남자의 경우는 사정이 좀 다르다. 까다롭게 뽑는 걸 알았는지 남자들은 법학과에 별로 지원하지 않았다. 딱 세 명만 지원했고 그중 한 명만 붙었기 때문에 (전원 불합격했다 해도 크게 달라지는 건 없다), 수학과 합격률 58%를 미미하게 깎아 먹었을 뿐이다.

간추려서 결론만 말하면 이렇다. 이 대학은 전체적으로 보면 남학생의 합격률이 높은 것으로 나타난다. 그런데 학과별로 뜯어보면 모든 학과에서 여자의 합격률이 높다는 모순이 있다. 여학생은 경쟁률이 높은 학과(법학과)에도 많이 지원한 반면, 남학생은 주로 경쟁률이 낮은 학과(수학과)에 지원했기 때문에 이런 현상이 생긴 것이다.

우리가 통계데이터에서 가장 흔하게 접하는 것이 평균이다. 심슨의 역설은 평균에 숨어 있는 함정을 말한다. 숨은 변수를 찾아서 성격이 다른 데이터를 제대로 분리하고 범주화해야 심슨의 역설에 빠지지 않는다. 여기서는 학과별로 남녀 지원자의 크기가 다르다는 것이 변수였다. 다음은 앞의 사례를 수식으로 옮겨놓은 것이다.

$60/100 > 58/100$ 이고,

$40/100 > 1/3$ 이다.

그러나

$(60 + 40)/(100 + 100) < (58 + 1)/(100 + 3)$이다.

과거 어떤 현자가 말하기를 통계는 비키니를 입은 여자와 비슷하다고 했다. 보이는 부분들은 멋지고 훈훈하다. 하지만 정말로 중요한 부분들은 가려져 있다.

같은 맥락의 예시들을 얼마든지 만들어낼 수 있다. 가령 농구선수 스티브와 마이클의 슈팅 성공률을 비교한다고 치자. 스티브가 (슈팅 성공률의 산술적 차이로 따졌을 때) 득점률에서 마이클을 2년 연속 앞선다. 그런데도 2년 전체 득점률에서는 마이클이 스티브를 앞설 수 있다. 표를 보자.

	2000년	2001년	전체
스티브	100번 중 60번 성공 : 60%	100번 중 40번 성공 : 40%	200번 중 100번 성공 : 50%
마이클	100번 중 58번 성공 : 58%	10번 중 2번 성공 : 20%	110번 중 60번 성공 : 54.5%

이해하기 쉽도록 농구 득점률 예시를 앞서 대학 합격률 예시와 일

부러 비슷하게 만들었다. 표를 보면, 스티브가 2000년과 2001년 모두 득점률이 높다. 그런데도 두 해의 데이터를 합하면 오히려 마이클이 득점률에서 앞선 것으로 나타난다. 이런 이상한 반전이 일어난 주요 원인이 뭘까? 선수들의 슈팅 성공률이 전체적으로 나빴던 2001년 시즌에 마이클이 스티브보다 슈팅을 적게 했기 때문이다.

같은 일이 회사에서도 일어난다. 투자 컨설턴트 A가 상반기 실적(수익을 낸 투자처 비중)에서 컨설턴트 B를 앞서고 하반기에도 더 높은 실적을 보여도, 연말에 연간 결산을 해보면 수익을 낸 투자처 비중에서 거꾸로 컨설턴트 B가 A를 앞설 수 있다.

내가 처음 접한 심슨의 역설 예시는 두 병원의 환자 사망률 비교 데이터였다. 남자 환자들이 A 병원을 선호하는 한편, B 병원은 기피하는 경향을 보인다. A 병원의 남자 환자 사망률이 B 병원보다 낮기 때문이다. 여자 환자의 경우도 A 병원에 입원한 환자들이 B 병원에 입원한 환자들보다 생존기간이 긴 것으로 나타났다. 그런데 남녀 사망률 데이터를 합치면 B 병원의 환자 사망률이 A 병원보다 낮은 기묘한 일이 벌어진다. 다음 표에 이 상황을 담아보자. 나의 명석한 독자들이여, 직접 빈칸에 숫자를 채워보기 바란다.

	남자	여자	전체
A 병원			
B 병원			

퍼센트의 함정

수치데이터 분석상의 중요한 문제 중 하나는 사람들이 퍼센트를 자꾸 절대치로 생각한다는 점이다. 예를 들어 우리는 80%가 1%보다 많다고 여긴다. 하지만 우리에게 작은 회사의 주식 80%와 마이크로소프트 같은 거대기업의 주식 1% 중에서 선택하라고 한다면? 그제야 우리는 퍼센트 수치는 달러의 액면가와 같지 않다는 것을 깨닫는다.

우리는 자주 이런 말을 한다. "그는 100% 확실한 승리를 놓쳤다." 대체 무슨 뜻으로 하는 말일까?

이 소리는 또 무슨 소리일까? "이 약은 흡연자의 30%가 겪는 심장 발작증을 17%로 낮춘다."

25% 할인 중인 물건들을 사는 것과 두 번째 구매품에 50% 할인을 받는 것 중 어느 것이 더 이득일까? 왜 그럴까?

퍼센트 수치를 기반으로 의사결정을 할 때는 정말로 조심해야 한다.

퍼센트(비율) 예시로는 증권거래소 예시만큼 좋은 것이 없다. 어떤 주식의 주당 가격이 10% 올랐다가 10% 떨어졌다는 말을 들었다. 이때 주가가 다시 제자리로 돌아왔을 거라고 생각하면 큰일 난다. 애초의 주가를 100달러로 치자. 거기서 10% 올랐으니 110달러다. 여기서 주가가 10% 빠진다는 것은 11달러 축난다는 것이고, 그렇다면 현재의 주가는 99달러라는 뜻이다. 1달러 차이라서 별로 감흥이 없는가? 만약 주가 등락폭이 거대하면, 가령 50% 올랐다가(150달러) 거기서 50% 떨어지면(75달러) 가격 차이는 확연하게 벌어진다. 주가가 100% 상승했다가 100% 하락하면 가격 차이가 최고조에 달하고, 투자자는 천국과 지옥을 맛본다. 주가가 두 배로 뛰었다가 (천국) 곧바로 휴지조각이 되니까 (지옥).

주가가 90% 올랐다가 50% 떨어지면 결과적으로 돈을 잃은 셈이라는 것을 아는 사람이 많지 않다. 아직도 안 믿어지는가? 한번 따져 보자. 내가 주식을 100달러에 샀는데 주가가 90% 올랐다. 190달러가 됐다는 뜻이다. 여기까지는 신난다. 그런데 '하필' 이 시점에서 주가가 50% 떨어진다. 190달러에서 50% 떨어지면 95달러다. 증권회사 직원이 고객에게 자기가 매입을 권유한 주식의 가격이 90%나 올랐다가 겨우 50%만 떨어졌다고 허풍을 떨면 고객은 자기가 그해 40%의 수익을 봤다고 생각하기 쉽다. '어떡하죠, 고객님? 손해 보셨어요.' 이렇게 알아듣는 사람은 별로 없다.

퍼센트의 영역에도 이렇게 길이 꼬여 있는데 (주로 미래의 사건을 다루는) 확률의 영역에서는 어떤 미로와 함정들이 널려 있을지 생각만 해도 아찔하다.

확률, 성경, 9·11 그리고 지문

어떤 학자가 내게 기묘한 속임수를 하나 선보인 적이 있다. 내용은 이러했다. 히브리어 성경 창세기의 50번째 글자는 T다. 거기서 다시 50번째 글자는 O다. 거기서 다시 50번째 글자는 R이고, 거기서 다시 50번째 글자는 A다. 이것을 조합하면 TORA다. 토라는 히브리어로 모세5경(구약성서의 맨 앞 다섯 권) 또는 '주의 가르침'을 뜻한다. 우연의 조화일까, 아니면 의도적 고안일까? 신이 숨겨 놓은 암호를 찾아 갖

가지 방향과 간격으로 성경을 뒤지는 것이 한때 전 세계적으로 유행했다. 성경에 내재된 암호, 이른바 바이블코드Bible code에 관한 논문과 책도 여러 편 나왔다. 성서는 정말로 비밀 메시지들을 담고 있을까? 신학적 견지를 떠나 생각하면 이것은 다분히 통계의 문제다. 성서뿐 아니라《전쟁과 평화》처럼 방대한 책이라면 어느 책이나 그 대상이 될 수 있다. 텍스트 안에 신기한 문자배열 방식이 숨어 있다? 가능성이 없지도 않다.《모비 딕》과《안나 카레니나》처럼 방대한 책이라면 흥미로운 단어의 조합이 수없이 발견될지도 모른다. (일곱 권이나 되는 초대형 장편소설 마르셀 프루스트의《잃어버린 시간을 찾아서》는 더 말할 것도 없다. 그 속에 무엇이 있을지 누가 알겠는가? 놀라운 패턴 집합소일지도 모른다.)

9·11 테러 이후 뉴욕 사람들은 이 사건과 숫자 11에 얽힌 섬뜩한 우연에 경악했다. 일단 세계무역센터를 처음 들이받은 비행기의 번호가 11이었다. 뉴욕시New York City와 아프가니스탄Afghanistan과 조지 W. 부시George W. Bush도 11글자로 이루어져 있다. 거기다 9월 11일은 그해의 254번째 날이다. 그게 무슨 상관이냐고? 2 + 5 + 4 = 11! 심지어 세계무역센터의 트윈타워도 숫자 11을 연상시킨다. 소름 돋지 않는가!

우연과 사실의 기로에 있는 또 하나의 흥미로운 이슈가 바로 범죄 수사에 이용되는 지문 감식이다. 나는 범죄현장에서 발견된 지문이 용의자의 지문과 일치한다는 이유로 법정이 용의자에게 유죄 판결을 내리기 전에, 해당 지역의 인구 규모를 먼저 고려해야 한다고 생각한다. 내가 아는 한 지문 감식이 절대적으로 확실한 건 아니다. 지문이 사람마다 다르다고는 하지만 지문 일치가 100% 일치를 말하지는 않는다. 지문에서 일정 수의 동일한 모양이 발견되면, 다시 말해 어느 정도 일치하면 일치하는 것으로 나온다. (일찍이 미국 건국의 아버지 벤저민 프랭클린Benjamin Franklin은 '이 세상에서 확실한 두 가지는 세금과 죽음뿐'이라고 했다. 지문은 언급하지 않았다.) 전문가에 따라 사람이 달라도 지문이 같을 가능성을 1:100,000에서 1:200,000으로 본다. 주민 수가 200명인 마을의 범죄현장에서 발견된 지문이 용의자의 지문과 일치한다면, 그 자가 범인일 가능성이 매우 높다. 그 마을에서 비슷한 지문을 가진 주민이 또 있기란 거의 불가능하기 때문이다. 하지만 뉴욕이나 런던 같은 대도시에서 일어난 범죄에 같은 수사 방법을 쓸 때는 그곳에 비슷한 지문 패턴을 가진 사람들이 더 있다고 가정하는 것이 합리적이다.

평균값과 중앙값

평균은 일상의 다양한 맥락에서 매우 흔하게 언급된다. 하지만 유감스럽게도 통계의 세계에서 '평균'만큼 혼동을 일으키는 개념도 따로 없다. 어떤 꿈의 나라가 있고 그 나라의 평균 월급이 100,000달러라고 치자. 이 말이 뜻하는 바는 무엇일까? 나름 똑똑하다는 사람 여럿에게 물었다. 이 말을 주민의 절반쯤은 한 달에 100,000달러보다 더 벌고, 나머지 절반은 그보다 덜 버는 것으로 이해하는 경우가 많았다. 물론 잘못 안 것이다. 어림 반 푼어치도 없다.

인구를 반으로 가르는 위치에 있는 값은 평균값average이 아니라 중앙값median이다. 어느 나라의 평균 월급이 100,000달러라고 할 때,

실상은 몇몇 극소수만 돈을 엄청나게 벌고 있고, 나머지 대다수는 조금 벌고 있을 가능성이 매우 높다. 예를 들어 보자. 일곱 명이 일하는 은행지점이 있다. 여섯 명의 행원은 평범한 봉급을 받고 지점장은 700만 달러를 받는다. 지점장 때문에 이 지점의 평균 봉급은 100만 달러도 넘는다. 생각해보라. 지점장의 봉급만 7로 나눠도 100만 달러가 된다. 그러니 진짜 평균은 100만 달러보다 높다. 이 예시에서 주목할 것은 이 지점에서 평균보다 많이 버는 사람은 딱 한 명이라는 거다. 나머지는 그보다 훨씬 못 받는다. 직원의 절반은커녕 대다수가 평균 봉급보다 적은 봉급을 받는다. 사실상 대부분의 나라에서 국가 평균 봉급보다 더 버는 노동자는 전체의 30~40%에 불과하다.

평균을 조심해서 봐야 하는 이유는 또 있다. 평균값은 데이터의 극값extreme value에 지극히 민감하다. 다시 말해 극값이 달라지면 평균은 그에 따라 널을 뛴다. 아까의 지점장 봉급이 두 배 오르면 다른 사람들은 월급이 땡전 한 푼 늘지 않았는데도 지점의 평균 봉급이 홀러덩 두 배가 된다. 하지만 중앙값은 다르다. (중앙값은 말 그대로 수치들을 최소치부터 최대치까지 순서대로 늘어놓았을 때 한가운데에 위치하는 값을 말한다.) 중앙값은 평균값과 반대의 문제를 만든다. 지점장의 연봉 급등은 중앙값에 아무런 영향을 미치지 않는다. 중앙값은 극값의 변화와 전적으로 무관하다. 너무 무관해서 탈이다. 따라서 어떤 상황을 수치를 이용해 합리적으로 보여주고 싶다면 평균값, 중앙값, 표준편차, 분포형태를 함께 제시해야 한다.

그런데 요상하게도 뉴스에서 생활수준을 논할 때는 유독 평균 임금 또는 평균 가정의 평균 지출에 집착한다. (지금쯤 여러분도 그 이유를 짐작했으리라 생각한다.) 하기야 어떤 이유로든 뉴스 PD들은 복잡한 통계 문제에 깊이 들어가고 싶어 하지 않는다. 그래봐야 채널 돌아가는 소리만 커진다. 하지만 시청자가 이런 데이터에 근거해서 성급한 판단을 하는 것은 금물이다. 한 발은 얼음물에 담그고, 다른 한 발은 끓는 물에 담근 후 (평균적으로) 쾌적하다 말할 사람은 통계학자밖에 없다.

재무장관의 평균

어느 나라인지는 모르겠는데 그 나라 재무장관이 언젠가 자국의 모든 노동자가 국가 평균보다 많이 버는 날이 오기를 소망한다고 말했다. (이 '현명한' 발언의 주인공이 전직 미국 대통령 빌 클린턴이라는 말도 있다.) 멋진 생각이 아닐 수 없다. 칭찬해주고 싶다. 우리가 할 일은 이 재무장관이 오래오래 살기를 기도하는 것뿐이다. 생전에 그런 일을 보려면 정말로 학처럼 오래 살아야 한다. 이 발언이 실린 기사에 해당 재무장관은 평균이 뭔지 모르는 사람 같다는 댓글이 달렸다. 댓글 작성자는 친절한 설명까지 붙였다. '직원의 50%가 평균보다 더 벌고, 50%가 평균보다 덜 번다.' 이 사람도 통계를 많이 아는 것 같지는 않다. 무식한 티가 많이 난다. 평균값과 중앙값을 심하게 혼동하고 있다.

운전자의 평균

전에 어떤 기사를 보았다. 글을 쓴 기자는 통계깨나 아는 눈치였다. 기사에 이런 말이 있었다. 누구나 저마다 자신의 운전 실력이 평균

이상은 된다고 말하지만, 운전자의 과반수가 평균을 웃도는 건 수학적으로 불가능하다. 이건 틀린 말이다. 왜 그런지 간단히 설명해보자. 운전자 다섯 명이 있다. 이 중 네 명은 작년에 교통사고를 각각 한 번씩 냈고, 나머지 한 사람은 16건의 사고를 냈다. 이들 다섯 명의 운전자는 모두 합해서 20건의 사고를 냈다. 한 사람당 평균 네 건이다. 결과적으로 다섯 명 중 네 명(다시 말해 80%)이 평균보다 나은 운전자다! 다음번에 누군가 '나는 평균 이상의 운전자다'라고 말하는 소리를 들으면 그 주장을 쉽게 무시하지 않기를 바란다. 그 말이 맞을 수도 있다. (적어도 통계학적으로 말하면 그렇다.)

숫자는 자명하다?

통계와 관련해서 가장 이상하고 신기한 점은 사람들은 통계를 배운 적이 없으면서도 자신이 통계를 잘 안다고 믿는 경향이 있다는 것이다. (편미분 방정식이나 함수분석을 따로 배우지 않고도 거기에 대해 아는 척하는 사람을 본 적이 있는가?) 사람들은 아무렇지 않게 이런 말들을 한다. "수치만 봐도 자명하잖아?" 어리석은 말이다. 숫자는 빤하지도 않고 자체로는 아무 의미도 없다. 요리되고 가공되지 않은 수치는 거의 없다.

읽을거리

내가 좋아하는 통계 관련 책 두 가지를 추천하고 싶다. 하나는 수학자 존 앨런 파울로스John Allen Paulos가 쓴 《수학자가 신문을 읽는 법 A Mathematician Reads the Newspaper》이다. 같은 뉴스 기사를 수학자는 보통사람과 어떻게 다르게 이해하는지 설명한다. 다른 책은 대럴 허프Darrell Huff의 명저 《새빨간 거짓말, 통계How to Lie with Statistics》다. 통계학에 입문하는 학생들을 가르칠 때 내가 애용하는 책이다. 학생들이 통계를 조금이라도 덜 싫어하게 하는 데 도움이 된다.

확률과의 싸움

우리는 가능성이라는 말을 뻔질나게 입에 올린다. 이번 장에서는 가능성이 무엇을 의미하는지 파헤친다. 그 과정에서 동전도 던지고, 주사위도 던지고, 수술 성공 가능성을 논하고, 의사의 오진을 줄이는 방법과 거짓말을 들키지 않고 거짓말 탐지기 테스트를 통과하는 법을 알아본다.

동전의 어두운 면

'가능성chances' 또는 '공산odds'이라는 개념은 언뜻 생각하기에 쉽고 간단해 보인다. 아니나 다를까 사람들은 다음과 같은 말들을 일상에서 자주 입에 올린다. "내일 눈이 올 공산이 커요." "앞으로 45년 후에 내가 운동을 시작할 가능성은 아주 희박해." "주사위 게임에서 6이 나올 확률은 6분의 1이다." "다음 여름에 전쟁이 날 가능성이 곱절로 늘었다." "그는 십중팔구 회복하지 못할 겁니다." 하지만 이 개념을 작정하고 파헤치기 시작하면 생각보다 훨씬 복잡하고 혼란스러운 개념이라는 것을 알게 된다.

가장 간단한 예로 시작해보자. 바로 동전 던지기다. 동전을 던졌을 때 앞면으로 떨어질 확률을 물으면 누구나 던진 횟수의 절반쯤은 동전이 앞면으로 떨어질 거라고 답한다. 정답일 수도 있다. 하지만 이렇게 질문하는 순간 혼란이 밀려온다. "어째서 딱 꼬집어 '절반'이라는 거죠? 그런 대답의 근거는 무엇인가요?"

내가 확률을 가르치거나 확률에 관한 강의를 할 때 학생들과 청중에게서 나오는 대답은 항상 같다. "두 가지 선택밖에 없으니까요. 앞면 아니면 뒷면. 그러니까 가능성은 반반이죠." 그러면 나는 또 다른 예시를 던져 고요하던 학생들의 머리에 파란을 일으킨다. "이왕 확률 얘기가 나온 김에 이건 어때요? 엘비스 프레슬리가 지금 저 문으로 걸어 들어와 우리에게 〈러브 미 텐더Love Me Tender〉를 불러줄 수도 있고, 그러지 않을 수도 있죠. 이때도 선택은 두 가지뿐인데, 과연 이때도 가능성이 반반이라고 할 수 있나요?" 너무 판타지인가? 보다 현실적인 예시도 얼마든지 가능하다. 내가 이 문장을 쓰는 지금 이 순간, 내 머리 위의 천장이 무너져 내릴 수도 있고 그러지 않을 수도 있다. 내가 양쪽의 가능성을 반반으로 믿는 사람이면 나는 이미 방에서 내빼고 없다. 내가 아무리 글쓰기를 좋아해도 그런 방에 버티고 있을 수는 없다. 다른 예를 들어보자. 내 친구가 편도선 제거 수술을 받았다. 또다시 두 가지 선택이 대두한다. 내 친구가 수술 후 무사히 깨어날 것이냐, 그러지 못할 것이냐. 친구들 모두 해피엔딩을 믿는다. 다시 말해 이 경우에도 사람들은 한쪽 가능성을 다른 쪽 가능성보다 훨씬 크게 본다.

같은 맥락의 예시를 맘만 먹으면 얼마든지 찾을 수 있다. 원칙은 분명하다. 두 가지 선택밖에 없다고 해서 그것이 꼭 50%의 가능성을 보장하는 것은 아니다. '절반의 가능성'이라는 개념이 아무리 우리 마음속에 내장형으로 박혀 있다 해도, 두 가지 선택에 반반의 가능성을 결부시키는 것은 거의 언제나 틀린 생각이다.

다시 동전으로 돌아가 보자. 사람들은 왜 동전을 던질 때 동전이 앞면 또는 뒷면으로 떨어질 가능성을 50%로 보는 걸까? 솔직히 그 가능성을 분명히 알 방법은 없다. '절반'의 가능성을 입증하려면, 조기 퇴직해서 시간이 남아도는 사람을 고용해서 동전을 하나 주고 끝도 없이 던져보라고 할 수밖에 없다. (단순작업을 통한 심리치료 요법이라고 속여야 할지도 모른다.) 동전을 정말 여러 번 던져야 한다. 몇 번만 던져보는 건 의미가 없다. 가령 동전을 여덟 번만 던지면 별별 결과가 다 나올 수 있다. 앞면 여섯 번, 뒷면 두 번이 나올 수도 있고, 앞면 일곱 번, 뒷면 한 번이 나올 수도 있다. 그 반대의 경우도 가능하다. 앞면과 뒷면이 딱딱 네 번씩 나올 수도 있다. 다른 어떤 조합도 가능하다. 동전을 1,000번 던지면 아마도 앞면과 뒷면의 구성비가 1:1, 즉 각각 500번에 근접하게 나올 것이다. 만약 앞면 600번과 뒷면 400번이라는 결과가 나오면 우리는 동전에 뭔가 하자가 있어서 그것 때문에 동전이 자꾸 한쪽으로 넘어진다고 생각하게 된다. 그런 경우는 동전의 앞면이 나올 공산을 대충 0.6으로 잡을 수 있다.

예시에서 보듯 동전처럼 단순한 사물조차 여러 변수를 가진다. 정작 어려운 질문은 시작도 하지 않았는데 말이다. 예컨대 이런 질문. 평범한 동전을 1,000번 던지면 앞면 500번, 뒷면 500번에 가까운 결과가 얻어질 거라는 건 어디서 온 발상일까? 어쨌거나 동전은 아무것도 기억하지 못한다. 먼젓번 결과가 이번 결과에 어떤 영향도 미치지 않는다. 내 말은, 동전이 네 번 연속 앞면을 드러냈다고 이렇게 생각할 리 없다는 거다. "좋아, 일관성은 이 정도면 됐어. 이제 다각화를 통해 균형을 잡을 때야. 다음에는 뒷면으로 떨어지자." 앞면만 줄줄이 나오면 안 된다는 법이라도 있나? 수는 균등하게 나누어져야만 맞일까? (생각해볼 일이다.)

주사위 게임

동전 던지기 결과에 대한 사람들의 예측이 한 가지 패턴(예컨대 앞면 반, 뒷면 반)으로 쏠리는 이유를 부분적으로나마 설명하는 사례가 있다. 내용은 다음과 같다. (익명을 원하는) 한 남자에게 주사위 하나를 100번 굴리고 그 결과를 보고하라고 했다. 남자는 매번 6이 나왔다고 했다. 우리는 그의 말을 믿을 수 없었다. 하지만 만약 결과가 1, 5, 3, 4, 2, 3, 5…로 나왔다는 보고를 받았다면, 우리는 두말 없이 그를 믿었을 거다. 심지어 무작위한 숫자의 나열을 뭐 하러 일일이 말하나 싶었을 거다. 너무나 싱겁고 지루한 결과다! 그런데 여기에 놀라운 진실이 숨어 있다. 그건 바로 매번 같은 숫자가 나올 가능성과 남자가 보고한 결과가 나올 가능성이 동일하다는 것이다. 주사위를 100번 던져

주사위는 던질 때마다 매번 여섯 가지의 가능성이 있다.
매번 같은 숫자가 나올 가능성과 맥락 없이 숫자가 나올 확률에는 차이가 없다.

서 두 가지 결과 중 하나가 나올 확률은 각각 '$\frac{1}{6}$의 100제곱'이다. 다시 말해 발생 가능성이 제로에 가까운 것은 둘 다 마찬가지다. 이쯤에서 또 하나의 의문이 든다. 일어날 가능성이 거의 제로인 일들이 어쨌거나 일어나는 이유는 무엇일까? 이것은 매우 광범위하고 심오한 질문이다. 멀리서 크게 바라보면, 세상에 일어나는 거의 모든 일이 – 우리가 세상에 태어났다는 것부터가 – 확률로 따지면 결코 일어날 수 없는, 일어나서는 안 되는 일이었다. 하지만 일어났다.

그런데도 우리는 왜 100번 연속 6이 나오는 결과는 믿지 못하면서 숫자가 맥락 없이 나오는 결과는 전적으로 그럴 법하다고 여기는 걸까? 주사위를 처음 굴릴 때 어떤 수가 나올 가능성이 더 큰가? 6? 1?

차이가 없다. 가능성은 같다. 두 번째로 굴릴 때는? 6? 5? 이번에도 차이가 없다. 가능성은 같다. 매번 주사위를 던질 때마다 여섯 가지 가능성이 있고, 가능성의 크기는 모두 같다.

이것이 의미하는 것은 무엇일까?

우리가 혼동하지 말아야 할 것이 있다. 주사위를 여러 번 굴릴 때, 계속 한 가지 수만 나오는 순수배열pure sequence은 몹시 드물게 발생한다. 반면 여러 가지 수가 섞여 나오는 복합배열mixed sequence은 매우 쉽게 발생한다. 하지만 '특정' 복합배열은 순수배열만큼이나 발생하기 어렵다.

수술대 위의 확률

의학 사례를 하나 들어보자. 어떤 외과의사의 수술 성공률이 95%라고 할 때, 이 말이 의미하는 것은 무엇일까? 일단 수술 성공률을 따지려면 대규모 표본이 필요하다. 단 몇 번의 수술로 판단할 수 있는 문제가 아니다. 시행횟수가 상당히 많아야 한다. 둘째, 이런 확률은 의사에게는 의미 있을지 몰라도, 환자에게는 알맹이 없는 정보다. 이 의사가 내년에 1,000건의 수술을 집도할 예정이라고 치자. 의사 입장에서는 그중 950건이 성공적이고, 50건은 그렇지 못할 것으로 예상된다. 하지만 환자 입장은 다르다. 환자에게는 수술이 수백 번 예정되어 있지 않다. 환자에게 수술은 한 번뿐이다. 거기다 수술 성공 가능성은 환자에게 매우 다른 의미가 있다. 수술 성공 여부가 곧 생사의 문제다. 환자는 딱 한 번만 수술을 받고, 수술은 성공하거나 실패하거나 둘 중 하나다. 그렇다고 해서 환자의 기회가 50-50이라고 말하는 것도 어폐가 있다. 환자에게도 95%의 기회가 있다. 하지만 이 95%의 기회란 것이 정확히 어떤 기회인지는 알 수 없다.

이번에는 이런 가정을 해보자. 수술 성공률이 95%인 의사가 있다. 이 방면에 매우 유명한 사람이라 수술비가 70,000달러에 달한다. 다른 의사도 있다. 이 의사의 수술 성공률은 먼젓번 의사보다 조금 떨어지는 90%다. 대신 이 의사에게 수술을 받을 경우 수술비가 의료보험으로 전액 충당되기 때문에 환자가 부담할 비용은 없다. 이제 환자의 선택이 남았다. 여러분이라면 어떤 의사를 선택하겠는가? 의료보험이 적용되는 의사의 성공률이 90%가 아니라 겨우 17%라면? 그때는 어떤 선택을 하겠는가? 선택이 바뀌는 경계선은 어디인가?

1967년 남아프리카공화국에서 세계 최초로 인간 심장이식 수술이 있었다. 집도의는 크리스천 버나드Christiaan Barnard, 1922~2001)였다. 교통사고로 뇌사한 사람의 심장을 이식받은 환자는 루이스 워시칸스키Louis Washkansky 라는 사람이었다. 수술 전에 워시칸스키는 의사에게 수술이 성공할 가능성을 물었다. 버나드는 잠시의 망설임도 없이 "80%"라고 답했다. 무슨 뜻으로 한 말일까? 생각해보라. 타인의 심장을 살아 있는 환자에게 이식하는 것은 당시 인류 역사상 최초로 시도되는 수술이었다. 전례가 없는 사건이었다. 누구도 해본 적이 없는 일이었다. 이것과 비교할 과거의 수술도 실적도 없었다. 그런데 버나드의 자신만만한 대답은 무슨 의미일까?

다른 사람들처럼 의사들도 확률에 많이 약하다. (물론 우리가 확률 개념이 없는 것과 의사가 확률에 약한 것과는 사태의 심각성이 다르다. 의사의 부실한 확률 개념은 진단에 영향을 미쳐 심각한 상황을 낳을 수 있다.) 영국의 심리학자 겸 저술가 스튜어트 서덜랜드Stuart Sutherland의 1992년 저서《비합리성의 심리학Irrationality》에 미국에서 의사들을 대상으로 시행한 실험이 하나 나온다. 내용은 이렇다. 실험자가 의사들에게 다음과 같은 가설을 제시한다. "어떤 의료 검사가 있습니다. 이 검사의 목적은 특정 질병의 감염 여부를 알아내는 것입니다. 실제로 해당 질병이 있는 사람을 검사했을 때 검사결과가 양성으로 나올 확률은 92%입니다." (해괴하게도 의학에서 병든 상태를 '양성'이라고 한다.) 실험자는 의사들에게 이렇게 묻는다. "검사결과가 양성일 때 피검자가 실제로 해당 질병을 가졌을 확률은 얼마인가요?" 그러자 놀라운 일이 벌어졌다. (적어도 수학을 아는 사람들에게는 놀라운 일이다.) 의사들은 이 두 가설이 전적으로 다르다는 것을 이해하지 못했다. 의사들은 검사결과가 양성인 사람이 실제로 병자일 확률도 92%라고 생각했다. (이 질문은 정밀과학 학생들이 보는 확률이론 교과서들에 조금씩 버전을 달리해 꾸준히 등장하는 유명한 질문이다.)

실험에 참가한 의사들이 뭘 잘못 생각했다는 건지 이해가 가지 않는가? 그래서 간단한 예시를 준비했다. 밖에 비가 오는 것을 알았을 때 내가 우산을 들고 나갈 확률은 100%다. 하지만 내가 우산을 들고 나간다고 해서 비가 올 확률이 100%인 것은 아니다. 100% 근처에도 못 간다. 두 상황은 전적으로 다른 상황이고, 일어날 확률도 전적으로 다르다. 이 경우도 마찬가지다. 병에 걸린 사람이 있을 때 그 사람의 검사결과가 양성으로 나올 가능성이 92%라고 해서, 검사결과가 양성으로 나왔다고 해서 그 사람이 실제로 병자일 가능성도 92%인 것은 아니다. 이 검사가 치명적인 병을 알아내는 검사라고 치자. 검사결과가 양성으로 나온 사람은 당장 공포에 떨어야 할까? 결코 그렇지 않다. 이 사람이 병에 걸렸을 가능성을 정확히 알려면 더 많은 데이터가 필요하다. 예컨대 전체 인구 중 병자의 비중도 알아야 하고, 전체 반응 중 거짓양성반응(검사결과가 건강한 사람을 병든 사람으로 규정한 경우)의 비중도 알아야 한다.

검사결과가 양성으로 나온 피검자가 실제로 병자일 가능성이 92%는커녕 그 근처에도 못 간다는 것을 이해하기 위해서 간단한 예시를 하나 더 들어보자. 인구의 1%만 해당 질병에 걸렸다. 감염 여부를 진단하는 검사는 1%의 거짓양성반응을 낸다. 다시 말해 피검자 100명 중 한 명꼴로 병에 걸리지 않았는데도 병에 걸렸다는 잘못된 진단이 나온다. 편의상 100명이 검사를 받았고, 그중 한 명이 실제로 병에 걸렸다고 가정하자. 나아가 해당 검사가 이 한 명의 병자만큼은 반드시 알아낸다고 가정하자. 그렇다면 남은 99개의 검사결과 중 하나가 거짓양성반응이 된다. 요약하면 100명을 검사한 결과 두 명이 양성으로 나왔지만, 정말로 병에 걸린 사람은 그중 한 명뿐이다. 다시 말해서, 검사결과가 양성으로 나왔을 때 해당 피검자가 정말로 병에 걸렸을 확률은 딱 50%(!)라는 거다. 92%와는 거리가 멀다.

수학 문제의 오답은 그냥 실수나 오류에 그친다. 하지만 의사가 틀린 진단을 내리면 대단히 심각한 결과로 이어질 수도 있다. 의사나 판사처럼 우리의 삶에 중대한 영향을 미치는 사람들은 필히 확률을 제대로 공부해야 하지 않을까?

거짓말 탐지기

이제 좀 이해가 가는가? 비슷한 예시를 하나 더 들어보자. FBI가 존 F. 케네디를 죽인 진범을 명백히 밝혀내기로 작정한다. 다년간의 물 샐 틈 없는 수사 끝에 수사관들은 용의선상에 오른 인물을 총망라한 용의자 명단을 내놓는다. 명단에 오른 사람은 100만 명에 달한다. (정확한 숫자는 아니고 편의상 반올림했다.) 용의자 모두 거짓말 탐지기 검사를 받는다. 이런 가정을 해보자. 이 거짓말 탐지기는 피검자의 거짓말을 98% 적발한다. 하지만 거짓양성반응(정직한 사람을 거짓말하는 사람으로 나타내는 경우)도 5%에 이른다. 100만 명의 용의자 전원이 케네디 암살에 연루됐다는 혐의를 부인한다.

거짓말 탐지기 발명자를 존경하는 의미에서 부연하자면, 검사받는 사람이 진짜 범인일 때 거짓말 탐지기는 그가 거짓말을 한다는 것을 반드시 적발한다. 안타까운 것은 그래도 별로 도움이 되지 않는다는 거다. 거짓말 탐지기는 다른 50,000명에게도 같은 결과를 내놓는다. (슬프게도 100만 명의 5%는 50,000명이다.) 이제 우리에겐 50,001건의 거짓말 탐지기 양성반응이 있다. 오리엔트 특급 살인사건 같은 집단 살인도 이렇게 범인이 많을 수는 없다. 이 용의자들 중 진범을 찾아낼 확률은 1:50,001이다.

여러 가능성 중 하나의 실제(1,000명당 한 명꼴로 감염되는 질병, 100만 명의 용의자 중 한 명의 살인자)를 잡아내는 용도의 '다소' 불확실한 방법들이 어째서 위험한지 이제 독자들도 이해했을 것으로 믿는다. 이런 방법들이 낳는 놀라운 결과를 '거짓양성 퍼즐false-positive-puzzle'이라고 부른다. '거의 확실한' 결과를 보장하는 검사를 '확실한' 검사라고 할 수 있을까? 이 '거의'가 사건의 희귀성과 결합하면 놀라운 결과가 빚어진다.

결론은 분명하다. 어떤 검사든, 절대적으로 확실한 결과를 보장하지 못하는 검사는 드문 사건을 가려내는 데는 별반 효과가 없다.

공평한 고통 분담

이번 장은 공평 분배 문제를 대표하는 '공항 문제'를 분석하고, 이를 통해 게임이론이 제공하는 정의에 관한 통찰을 짚어본다. 정의는 과연 정의될 수 있을까?

엘리베이터 논쟁

격렬한 논쟁이었다. 그 타운하우스(고급 연립주택)의 입주자 중 가장 나이 많은 사람도 이처럼 격렬한 논쟁은 일찍이 본 적이 없었다. 모든 것은 꼭대기 층(4층)에 아내와 두 달 배기 쌍둥이와 함께 사는 존이 입주자 모임에서 건물에 엘리베이터를 설치하자고 제안 내지는 간청한 데서 비롯되었다. 존은 입주자들이 엘리베이터 설치비용을 균등하게 분담하기를 원했다. 그러자 1층에서 혼자 사는 애드리언이 자신은 단한 푼도 낼 수 없다고 말하면서 언쟁이 불거졌다. 애드리언은 자신은 엘리베이터가 필요 없으며 있어도 사용할 일이 결코 없다고 했다. 한편 2층에서 고양이 두 마리와 함께 사는 사라와 제임스 부부는 자신들은 상징적 의미로 조금은 보태겠지만 그 이상은 어렵다고 했다. 제임스는 워낙 운동을 좋아하는 사람이라 계단을 두고 엘리베이터를 이용하는 일은 전혀 없을 것이고, 사라도 유난히 장을 많이 본 날을 빼고는 거의 쓰지 않을 것이기 때문이었다. 3층에 사는 제인은….

사실 제인이 무슨 말을 했는지는 더 이상 중요하지 않다. 이런 종류의 논쟁이 어떻게 흘러갈지는 여러분도 상상할 수 있으리라 본다. 한마디로 끝이 나지 않는 논쟁이다. 이렇듯 각기 다른 층에 사는 입주자들에게 돈을 받아서 엘리베이터를 설치하려고 할 때 비용을 어떻게 나눠야 할까?

방법을 알려주겠다. 하지만 엘리베이터는 좀 지루하다. 대신 공항이야기를 하자.

공항 문제

옛날 옛적에 네 명의 친한 친구가 있었다. 그들은 에이브, 브라이언, 캘빈, 댄이었다. 모두 넉넉하게 살았고, 각자 개인 비행기를 사기로 했다. 그들은 공동으로 사설 활주로를 지어서 네 사람만 전용으로 쓰자고 의견을 모았다. 넷 중 가장 돈이 없는 댄은 2인승 세스나 경비행기를 샀다. 캘빈은 돈을 조금 더 써서 4인용 제트기를 매입했다. 캘빈보다 조금 더 부자인 브라이언은 비즈니스 제트기 리어젯 85기를 샀다. 한편 최근에 떼돈을 벌어서 흥분 상태에 있던 에이브는 완전히 도를 넘었다. 그는 2층 구조의 초대형 항공기 에어버스 A380을 사들였고, 비행기 안에 수영장, 최첨단 헬스클럽, 인도네시아식 스파, 홀로그램 영화관까지 만들었다. 그뿐 아니라 전직 우주비행사를 고용해 개인 조종사로 삼고, 톱모델을 대거 승무원으로 고용했다. 에이브가 이 모든 것에 쓴 돈은 '단돈' 4억 4,400만 달러였다.

비행기 쇼핑이 끝나고 이제 에이브의 에어버스가 뜨고 내릴 활주로를 건설할 시점이 왔다. 건설비용은 200,000달러였다. 이 규모의 활주로면 당연히 다른 세 사람의 작은 비행기들도 사용할 수 있었다. 하지만 브라이언에게 필요한 활주로는 120,000달러로 만들 수 있었다. 캘빈의 비행기에 맞는 활주로는 100,000달러만 있으면 지을 수 있었고, 가장 가난한 댄의 소형 비행기는 40,000달러짜리 소형 활주로로도 부족함이 없었다.

네 사람은 남의 몫까지 부담하는 일 없이 모두가 사용할 수 있는 활주로를 만들어야 한다. 이들은 활주로 건설비용 200,000달러를 어떻게 분담해야 할까?

가장 부자이자 최고 연장자로서 에이브가 상대론적 비례주의에 입각한 제안을 했다. 자신은 캘빈의 분담금의 두 배(200/100), 댄의 분담금의 다섯 배(200/40)를 내고, 브라이언은 댄의 분담금의 세 배(120/40)를 내자는 거였다. 6학년 수학책에 나올 법한 문제다. 독자 여러분도 직접 풀어보신 후 내 답과 맞춰보기 바란다. 제안에 따르면 에이브는 총 200,000달러의 활주로 건설비용 중 86,956달러를 내고, 브라이언은 52,175달러를 부담하고, 캘빈은 43,478달러를 내고, 댄은 17,391달러를 보태야 한다. (총합이 200,000이 되도록 수치들을 조금씩 반올림했다.)

네 명 중 셋은 나름 공정한 거래라고 여겼지만, 비행기를 사느라 빚까지 진 댄은 생각이 좀 달랐다. "자네들도 나처럼 작은 비행기를 샀더라면 우리 모두 40,000달러짜리 활주로로 때울 수 있었잖아. 에이브가 제일 비싸고 제일 큰 제트기를 샀으니 에이브 돈으로 활주로를 까는 게 마땅해. 우리가 이 거래에 끼지 않았다면 어차피 혼자 200,000달러를 다 내야 하는 거잖아. 까놓고 말해서 우리가 에이브의 프로젝트에 들러리 서는 것밖에 더 돼? 우리가 친구인 것도 알고, 벼락부자라고 해서 꼭 선심을 써야 한다는 뜻도 아니야. 나는 다만 보다 공정하고 보다 논리적인 분담을 원할 뿐이야. 자네들도 게임이론을 공부하고 새플리 값Shapely value, 로이드 새플리가 창시한 분배이론으로, 한 프로젝트에 여럿이 참여했을 때 참가자들의 공헌도를 합리적이고 공정하게 나누는 이론 을 배웠다면 알겠지만 이건 사리에 맞지 않아."

2012년 노벨 경제학상을 받은 로이드 새플리는 게임이론의 대가다. 내 의견을 말하자면, 새플리의 분배이론에 입각한 댄의 제안이 에이브의 비례 배분 제안보다 훨씬 공정한 분배 방식이라고 생각한다. 댄의 제안은 이렇다.

"활주로 중 내 비행기가 쓸 구간은 우리 모두 공동으로 쓰게 돼. 그 구간에 드는 비용은 40,000달러야. 이 비용은 우리 넷이서 똑같이 부담해. 즉 각자 10,000달러씩 내는 거야. 다음 구간은 내게 필요 없어. 캘빈과 브라이언과 에이브에게만 필요하지. 다음 구간에는 추가로 60,000달러가 들어(여기까지 활주로 건설비용 중 100,000달러가 해결됨). 이 돈은 나 빼고 셋이서 나눠 내는 게 맞아. 셋이서 추가로 20,000달러씩 내면 돼. 마찬가지로 에이브와 브라이언만 사용할 20,000달러어치 구간은 둘이서만 분담하고, 에이브에게만 필요한 나머지 구간에 드는 비용 80,000달러는 에이브 혼자서 다 내는 거야(이로써 총 건설비용 200,000달러가 마련됨)."

댄의 제안을 표로 요약하면 다음과 같다.

구간별 건설 비용	40,000	60,000	20,000	80,000	개인별 총액
댄	10,000	0	0	0	10,000
캘빈	10,000	20,000	0	0	30,000
브라이언	10,000	20,000	10,000	0	40,000
에이브	10,000	20,000	10,000	80,000	120,000

다음 표는 '가장 가난한' 댄의 제안과 '가장 부자인' 에이브의 제안을 비교한 것이다.

	댄의 제안	에이브의 제안
댄	10,000	17,391
캘빈	30,000	43,478
브라이언	40,000	52,175
에이브	120,000	86,956

한눈에 봐도 댄의 제안은 댄에게 유리하다. 하지만 댄에게만 유리한 건 아니다. 캘빈과 브라이언에게도 유리하다. 민주적으로 투표에 부쳐도 댄의 제안이 3:1로 다수의 동의를 얻어 채택된다. 이것이 사회정의가 만개한 모습이다. 재벌이 비용의 반 이상을 부담하는 모습.

이것이 섀플리 해법이다. 하지만 섀플리가 아무리 노벨상 수상자라고 해도 그의 해법은, 게임이론의 다른 모든 해법처럼, 법적 구속력이 없는 권고에 불과하다.

이대로 해피엔딩으로 끝나면 좋았으련만 에이브가 제동을 걸었다. 그는 돈을 내지 않겠다고 버텼다. 친구들과의 절교도 불사할 기세였다. 에이브는 자기가 애초에 제안한 비례 분배 방식이 받아들여지지 않으면 자신은 활주로 공동 건설 프로젝트에서 빠지겠다며, 자신이 빠진 다음에 가난한 셋이서 알아서 활주로를 지으라고 협박했다. 에이브는 이렇게 말했다. "비용을 절반 넘게 부담하느니 아예 나 혼자 활주로를 지어서 나만 쓰는 비행장을 만들겠어. 너희들도 알다시피 내겐 그러고도 남을 돈이 있어."

세 친구는 에이브에게 잠시 생각할 시간을 달라고 했다. 에이브가 떠나면 셋이서 활주로 건설비용 120,000달러를 대야 한다. 에이브의 제안을 받아들이면 셋이 부담할 돈은 113,044달러(총액 200,000달러에서 에이브의 분담금 86,956달러를 뺀 금액)다. 에이브가 거래에서 빠졌을 때 셋이 부담해야 할 120,000달러보다는 적다.

세 사람은 재벌에게 굴복했을까, 아니면 그들끼리의 자립을 택했을까? 여러분 생각은 어떤가? 힌트가 있다. 후자의 경우 브라이언이 새로이 재벌로 등극한다.

세 사람의 분담액을 계산해보자. (새로운 재벌 브라이언의 분담금은 사회정의구현 차원에서 살짝 반올림했다.)

구간별 건설 비용	40,000	60,000	20,000	개인별 총액
댄	13,333	0	0	13,333
캘빈	13,333	30,000	0	43,333
브라이언	13,334	30,000	20,000	63,334

댄의 방식에 따라 비용을 분배하면, 댄과 캘빈의 분담금은 에이브의 방식에 따를 때보다 줄어든다. (캘빈에게는 그 차이가 미미하지만 어쨌든 적어진다.) 하지만 셋 중에서 가장 부자인 브라이언의 분담금은 에이브의 방식을 따를 때보다 많아진다.

브라이언도 에이브처럼 삐쳐서 거래를 집어치우고 떠나게 될까? 이들이 외부에 중재를 요청한다면 비용 분담은 어떻게 마무리될까? 이 사례는 아파트 엘리베이터 설치를 둘러싼 이웃 간의 분쟁과 어떤 공통점이 있을까? 사회기반시설 구축비용을 다양한 사회계층에 부과할 때 대두하는 공정 분배 문제에는 어떤 통찰을 줄 수 있을까? 섀플리의 합리적 분배이론이 이 문제들에 요긴한 도구가 될 수 있다.

신뢰게임

이번 장에서 우리는 '여행자의 딜레마'라는 유명한 사고실험과 이를 고안한 인도 경제학자 카우시크 바수를 만난다. 바수 교수는 이 게임을 통해 자신의 이익만 도모하고 남들을 신뢰하지 않는 것이 결국은 자신에게 (그리고 남들에게도) 해가 된다는 것을 보여준다. 이런 상황에서는 내시 균형을 찾는 것이 좋은 일이 아니다. 선수들이 전략을 옆으로 치워두고 그저 신뢰의 우물에 물통을 내리는 것이 승리하는 길이다.

중국 도자기

두 친구가 있다. 이름은 알기 쉽게 X와 Y다. 두 사람은 하버드 대학교에서 전략적 사고 워크숍을 수강하고 집으로 돌아가는 길에 보스턴에서 골동품 상점들로 유명한 찰스 스트리트에 들렀다. 이들은 한 골동품 상점에서 화려한 문양을 자랑하면서도 가격은 놀랍게 착한 쌍둥이 중국 도자기 꽃병을 발견했다. 똑같이 생긴 꽃병이 두 개 있었다. 둘은 꽃병을 하나씩 샀다. 그런데 운명의 조화로 항공사가 꽃병이 들어 있는 두 사람의 가방을 분실했다. 항공사는 즉각적 보상을 결정하고 X와 Y를 분실물 취급소 소장실로 불렀다. 짧은 대화 만에 두 사람이 전략적 사고에 관심이 많다는 것을 간파한 소장은 보상 조건을 다음과 같이 제시했다. 두 사람은 각각 다른 방으로 가서 분실된 꽃병에 대한 희망 보상액을 종이에 적는다. 희망 보상액은 5달러부터 100달러까지 원하는 대로 적을 수 있다. 둘이 같은 금액을 적으면 둘 다 그 금액을 받는다. 둘이 다른 금액을 적으면 각자 그중 낮은 금액을 받는다. 그런데 여기서 끝이 아니다. 낮은 금액을 써낸 사람에게는 5달러를 더 주고, 높은 금액을 써낸 사람에게는 5달러를 공제한다. 예를 들면 이렇다. X는 80을 써내고 Y가 95를 써내면, X는 80 + 5 = 85를 받고 Y는 80 − 5 = 75를 받는다.

여러분이라면 어떤 금액을 적어내겠는가?

얼른 생각하면 둘 다 100을 적어내는 것이 좋다. 그러면 둘 다 100을 받는다. 양쪽 다 좋다. 합리적인 사람들이라면 그렇게 한다. 그런데 만약 X와 Y가 경제적 세계관 − 사람을 속 좁고 편협한 인간으로 만드는 바로 그 세계관 − 을 고수하는 자들이라면? 불행히도 사람들은 대부분 호모 에코노미쿠스에 속한다. 이 부류는 호시탐탐 본인의 부를 극대화할 궁리를 한다. 이 접근법은 매우 다른 결론을 낳는다.

이 게임에서 경제적 세계관에 따른 내시 균형은 5를 적는 것이다. 두 선수 모두 가장 낮은 수치를 적어내고 둘 다 미미한 보상금을 받고 떠나는 것이다. 이유는 다음과 같다.

먼저 X의 입장에서 생각해보자. X는 이렇게 생각한다. "Y는 (최저가 입찰자가 되어 5달러의 보너스를 챙길 요량으로) 100보다 적은 수치를 적어낼 거야." 그래서 X는 100을 쓰지 않는다. 그거야 분명하다. 심지어 Y가 100을 써낼 거라고 생각해도 100을 쓰지 않는다. 그보다는 99를 써내고 104(99+5)달러를 챙긴다.

하지만 Y도 바보가 아니다. Y도 X의 속셈을 빤히 안다. X가 99를 넘는 수를 쓰지 않으리란 건 분명하다. 그래서 X의 노림수와 똑같은 노림수로 X를 이겨 먹으려고 Y도 98을 넘는 수를 쓰지 않는다. Y가 이럴 줄 아는 X도 97을 넘는 수를 쓰지 않는다. 이런 식으로 둘은 계속 머리를 굴린다. 이 궁리가 어디서 끝날까? 답은 정해져 있다. 둘은 보상 하한가인 5달러에 이르러서야 멈추게 되어 있다. 나중에 두 선수 모두 자신의 선택을 후회하지 않을 선택은 이것뿐이다. 따라서 이것이 이 게임의 내시 균형 전략이다. 서로 지지 않으려 머리 쓰다가 도달한 결과는 이렇게 서글프다.

윈스턴 처칠Winston Churchill의 말이 떠오른다. "전략이 아무리 아름답다 해도 가끔은 결과에 신경 써야 한다."

이런 논제로섬 게임을 여행자의 딜레마Traveller's Dilemma라고 부른다. 이 게임은 1994년 인도 출신 세계적 경제학자이며 현現 세계은행 부총재 카우시크 바수Kaushik Basu가 고안했다.

여행자의 딜레마는 내시 균형 전략에 따른 해법이 때로는 최적의 해법과 상극이라는 것을 극명하게 보여준다. 이런 상황에서는 개인 잇속만 차리는 것이 오히려 자신에게 (그리고 남에게) 해가 된다. 실제로 금전적 보상을 걸고 이 게임을 대대적으로 실험한 결과, 몇 가지 흥미로운 교훈이 도출되었다.

"논제로섬 게임을 두고 경험 증거 없이 어떻게 풀릴지 추론하는 것은
불가능하다. 농담이 먹힐지 말지를 순전히 연역 추론만으로는 증명할
수 없는 것과 같다."

- 2005년 노벨 경제학상 수상자 토머스 셸링Thomas Schelling

2007년 6월, 바수 교수는 〈사이언티픽 아메리칸〉지에 여행자의 딜
레마에 관한 논문을 발표했다. 그는 이 게임을 현실에서 시험하면 사
람들은 보통 5달러라는 (논리적) 선택을 거부하고 주로 100달러를 선
택한다고 밝혔다. (이쯤에서 덧붙여둔다. 제로섬 게임은 한쪽의 이득과 다른 쪽의 손
실의 합이 0이 되는 게임을 말한다. 여행자의 딜레마는 선수들이 받는 상금의 총액이 고정
되어 있지 않고 선수 각자가 선택한 전략에 따라 결정되므로 제로섬 게임이 아니다.) 바
수에 따르면 선수들은 오히려 지식이 부족할 때 경제적 접근법을 무
시하고 결과적으로 더 나은 결과를 얻는다. 경제적 사고를 버리고 상
대를 신뢰하는 것이 정말로 합리적인 방식이다. 모든 것은 짧은 질문
하나로 귀결된다. 우리는 게임이론을 신뢰할 수 있나?

여행자의 딜레마 게임에 대한 또 다른 흥미로운 발견은 보너스의 크
기가 선수들의 행동을 좌우한다는 것이다. 보너스가 미미하면 선수들
이 결과적으로 상한가에 가까운 보상액을 받아가는 경우가 많고, 보너
스가 크면 실제 보상액은 내시 균형, 즉 보상액의 하한가에 근접한다.
이 발견은 2002년 이스라엘 경제학상 수상자 아리엘 루빈슈타인Ariel

Rubinstein 교수가 시행한 다문화 연구로 더욱 확실히 입증되었다.

카우시크 바수는 정직, 청렴, 신뢰, 배려 같은 도덕적 자질들이 견
실한 경제와 건전한 사회의 필수조건이라고 말한다. 나도 이 의견에
전적으로 동감한다. 하지만 세계의 정치 지도자들과 경제정책 입안
자들이 이런 자질을 갖춘 사람들이라는 보장은 없다. 오히려 정직과
신뢰 같은 자질이 정치판의 경쟁에서 우위는커녕 약점이 되지 않으
면 다행이다. 따라서 이해타산으로 움직이지 않고 도덕적 규범에 따
라 행동하는 사람이 실제로 정치적, 경제적 요직을 차지하는 것은 거
의 기적에 가깝다.

사슴과 토끼, 창업 그리고 철학자

다음은 사회적 협력에 관한 딜레마 게임의 대표 격인 사슴사냥 게임
Stag Hunt Game의 구조를 표로 나타낸 것이다.

	사슴	토끼
사슴	2, 2	0, 1
토끼	1, 0	1, 1

두 친구가 사슴과 토끼가 사는 숲으로 사냥을 나간다. 사냥꾼 입장에서 토끼는 가치가 낮은 사냥감이고 사슴은 가치가 높은 사냥감이다. 토끼는 혼자서도 잡을 수 있지만, 사슴을 잡으려면 반드시 둘이 협력해야 한다. 사슴을 잡기로 약속하고 각자 맡은 자리에서 사슴을 포위하고 있을 때 바로 옆으로 토끼가 지나간다면? 약속을 어기고 토끼를 잡으러 가야 할까, 약속대로 정한 위치에서 사슴을 기다려야 할까?

이 게임에는 두 가지 내시 균형이 존재한다. 두 사냥꾼의 전략은 '협력해서 사슴을 잡는다'와 '배신해서 토끼를 잡는다'의 두 가지다. 협력해서 사슴을 잡는 편이 가장 이득이 크다. 그런데 두 사람이 과연 그렇게 할까? 이것은 신뢰의 문제다. 서로가 상대를 믿을 만한 협력 파트너로 여긴다면 두 사람 모두 사슴사냥에 매진하겠지만, 글쎄? 이 게임에서는 구조상 상대가 협력하면 나도 협력하고, 상대가 배신하면 나도 배신하는 것이 좋다. 다만 둘 중 어느 균형으로 귀결될지는 알 수 없다.

이제 두 선수는 양자택일을 해야 한다. 한편에는 확실하지만 가치가 떨어지는 보상(토끼)이 있고, 다른 한편에는 크고 실속 있는 보상(사슴)이 있다. 하지만 후자를 얻으려면 신뢰와 협력이 필요하다.

두 사냥꾼이 손을 맞잡고 사슴사냥에 협력할 것을 합의하더라도, 중간에 한 명이 상대가 배신할 것을 염려해 약속을 깰 가능성은 얼마든지 있다. 남의 도움 없이는 그림의 떡인 사슴보다는 손안의 토끼가 더 값어치 있다.

숲 밖에도 비슷한 상황은 많다. 첨단기술 회사의 베테랑 직원이 회사를 그만두고 친구와 함께 창업할 계획을 세운다. 그런데 회사에 사표를 내기 직전 그는 고민에 싸인다. 막상 친구는 약속을 어기고 사표를 내지 않는데 자기만 현재의 직장(토끼)도 미래의 사업(사슴)도 없이 낙동강 오리알 신세가 되지 않을까 불안해진다.

사실 이 게임은 역사가 깊다. 게임이론이 태동하기 한참 전인 18세기에 철학자 데이비드 흄David Hume과 장 자크 루소Jean-Jacques Rousseau가 인간사회의 신뢰와 협력에 관한 담론에서 이미 이 게임을 우화 버전으로 소개한 바 있다.

주류 경제학은 인간은 사익에 따라 행동하며 개인의 사익 추구가 사회의 이익으로 이어진다고 믿는다. 하지만 현실에서는 개인의 이익 추구가 전체의 이익에 충돌하는 사례가 허다하다. 개인의 합리적 행동이 전체의 합리적 행동과 일치하지 않는 상황을 사회적 딜레마라고 한다. 경제학자들이 사회적 딜레마의 구조를 단순화시켜 이해를 돕기 위해 사용하는 것이 바로 게임이론이다. 전통적으로 죄수의 딜레마가 사회적 딜레마의 전형적 사례로 꼽힌다. 하지만 일부 게임이론 전문가들은 죄수의 딜레마보다 사슴사냥 게임을 더 쳐준다. 상대를 신뢰하고 협력해야 더 좋은 결과를 얻을 수 있는 사슴사냥 게임이 사회적 딜레마 타개책 연구에 더 유용한 도구가 되지 않을까?

내가 너를 믿을 수 있을까?

샐리는 500달러를 받는다. 베티에게 원하는 만큼 나눠주라는 지시도 받는다. 원하지 않으면 한 푼도 주지 않아도 된다. 샐리가 베티에게 주기로 결정한 액수의 열 배가 베티에게 가게 된다. 예컨대 샐리가 베티에게 200달러를 주면 베티가 실제로 받는 금액은 2,000달러가 된다. 이 게임의 다음 단계에서 베티는, 만약 원하면, 받은 돈의 일부를 샐리에게 돌려줄 수 있다.

어떤 일이 일어날까? 참고로 게임의 가치, 즉 두 선수가 얻을 수 있는 이득의 최대치는 5,000달러다(샐리가 베티에서 500달러를 모두 줄 때).

샐리가 베티에게 100달러 준다고 치자. 베티의 실제 수령액은 1,000달러다. 이때 베티 입장에서 어떤 것이 합리적 행동일까? 또는 정직한 사람이라면 어떻게 할까? 샐리에게 100달러만 돌려주어야 할까? 100달러에다가 믿어준 데 대한 감사의 뜻으로 돈을 더 얹어주어야 할까? 또는 샐리가 자신을 더 믿고 400달러쯤 주지 않은 데에 분노를 느껴 입을 싹 씻어도 할 말은 없다. 여러분이 샐리라면, 또는 베티라면 어떻게 하겠는가? 내 학생들을 대상으로 실험했더니 상상할 수 있는 갖가지 행동이 다 나왔다. 어떤 학생들은 상대에게 금액의 절반을 뚝 잘라주었고, 어떤 학생들은 한 푼도 주지 않았다. 어떤 학생들은 상대를 전폭적으로 믿고 전액을 주었다. 너그러운 결정을 한 학생들 중 일부는 다음 단계에서 후한 보상을 받았고, 일부는 뒤통수를 맞았다. 이게 세상 돌아가는 모습이다.

굳이 도박을 하겠다면

도박은 하지 않는 것이 최선의 전략이지만 굳이 해야 하는 상황이라면? 이번 장에서는 불리한 입장의 선수가 이길 가능성을 최대화하는 전략을 알려준다. 다시 말하지만 불리한 선수가 이기는 전략이 아니다. 이길 가능성을 극대화하는 전략이다.

룰렛테이블roulette table은 붉은색과 검은색이 번갈아 칠해져 있고 0에서 36까지 숫자가 쓰인 회전판이다. 이 회전판을 돌리고, 볼을 회전판과 반대방향으로 돌린다. 볼이 떨어진 곳의 색이나 숫자에 베팅한 선수가 이긴다. 이것이 룰렛테이블 게임의 대략적 설명이다. 룰렛테이블에서 승산을 크게 높일 수학적 팁을 알려주고자 한다. 하지만 그러기 전에, 그리고 라스베이거스행 항공편을 예약하기 전에, 내가 줄 수 있는 최고의 조언은 따로 있다는 것을 꼭 말하고 싶다. 그것은 바로 가능하면 도박 자체를 하지 말라는 것이다. 카지노에서 도박하는 것은 결코 좋은 생각이 아니다. 업자들이 카지노를 으리으리하게 세우고, 사람들을 비행기로 실어 나르고 무료로 별미를 대접하고 비싼 쇼를 보여주는 데는 다 이유가 있다. 카지노 업자들이 오로지 고객에게 즐거운 시간을 선사하려는 마음으로 일한다고 믿는 사람은 없을 줄로 안다.

하지만 굳이 도박을 하겠다면, 여기 여러분이 참고할 만한 사례를 제시하겠다.

룰렛에서의 최적의 전략

한 남자가 카지노에 있다. 그의 수중에 있는 돈은 4달러뿐이다. 그는 10달러가 절실히 필요하다. (남자가 카지노에 들어섰을 때는 주머니에 10,000달러가 있었다. 하지만 다 잃고 4달러만 남았다. 집에 가려면 버스비 10달러가 있어야 한다.) 남자는 6달러를 딸 때까지 카지노를 떠날 수 없다. 그러다 남은 4달러까지 모조리 잃으면 폭우와 찬바람 속에 집까지 걸어가야 한다. 룰렛 테이블 앞에 선 남자는 이제 어떻게 베팅할지 전략을 정해야 한다.

남자가 4달러를 10달러로 늘릴 가능성을 극대화하는 최고의 전략은 이렇다. 룰렛 회전판에서 한 가지 색을 정해 베팅한다. 베팅하는 액수는 '현재 가진 액수'와 '10달러에서 모자라는 액수' 중에서 적은 액수로 한다. 나는 이 전략이 최고의 전략이라는 것을 수학적으로 똑똑히 증명할 수 있다. 자, 설명에 들어가 보자.

남자는 현재 4달러가 있고, 10달러가 필요하다. 모자라는 액수는 6달러다. 6보다 4가 적다. 남자는 4달러 전부를 붉은색에 건다. 물론 하우스가 이겨서 4달러 마저 꿀꺽하고, 도박꾼은 집에 걸어가야 할 수도 있다. 하지만 만약 붉은색이 당첨되면 남자의 돈은 두 배가 된다. 이제 남자에게는 8달러가 있다. 이번에도 가진 밑천을 몽땅 걸 필요는 없다. 이제 모자라는 돈은 2달러뿐이기 때문이다. 남자는 2달러만 건다. 이번에도 행운의 여신이 남자를 향해 웃어준다면 남자는 원하는 10달러를 채우게 된다. 만약 2달러를 잃는다 해도 남자에겐 아직 6달러가 있다. 그중 4달러를 다시 건다. 이런 식으로 가진 돈을 모두 잃을 때까지, 또는 원하는 10달러를 채울 때까지 계속 베팅하면 된다.

짧게 말해 최적의 전략은 '과감한 플레이bold play'로 가는 것이다. 가진 돈을 몽땅 걸든가, 모자라는 만큼 걸든가 둘 중 하나다. 얼핏 이상한 전략으로 보일 수 있다. 대부분의 사람은 이 상황에서 한 번에 1달러씩 신중하게 거는 것이 낫다고 생각한다. 하지만 이건 틀린 생각이다. 과감한 플레이가 최선의 방책이다. 이 점을 명심하자. 내가 '불리한 선수'일 때는 게임 횟수를 최대한 줄여야 한다.

불리한 선수란 어떤 선수일까? 상대보다 내기에 이길 가능성이 조금이라도 낮은 선수를 말한다. 또는 상대보다 밑천과 손실을 만회할 기회가 적은 선수를 말한다.

개인이 카지노를 상대로 도박할 때 저울이 어느 쪽으로 기울어 있을까? 빤하다. (룰렛 회전판의 싱글제로와 더블제로가 누구를 위해 존재한다고 생각하는가?) 하우스가 항상 유리한 고지에 있고 경험과 밑천에서 그 누구보다 앞서 있다.

다시 한 번 경고한다. 도박은 아예 하지 않는 것이 상책이다! 아마도 이것이 내가 여러분에게 줄 수 있는 최고의 수학적 조언일 것이다. 단지 재미로 도박을 하고, 재미의 대가로 돈을 잃는 것쯤 신경 쓰지 않는 사람에게는 해당되지 않는다. 다만 그 경우에도 자신이 재미의 대가로 치를 수 있는 상한선을 미리 정하고 도박에 임하기를, 그리고 상한선을 지키기를 권한다. 이제 여러분에게 어째서 과감한 플레이가 10달러 획득 가능성을 극대화하는 최적의 전략인지를 어렵지 않게 직관적으로 설명하는 신공을 보여주겠다. 깜짝 놀랄 준비를 하시라.

쉬운 설명을 위해 룰렛 테이블 문제를 간단명료하게 조망하는 다른 사례를 들어보자.

어느 날 나는 길을 가다가 농구 천재 마이클 조던과 마주쳤다. 조던은 나와 자유투 시합을 하기로 한다. 이때는 조던이 NBA에서 뛰기 전이어서 시간이 남아돌았다. 조던은 자신의 우월한 실력을 믿고 인심 좋게 내게 점수를 정하라고 한다. 몇 점으로 승부를 내는 게 좋을까? 답은 분명하다. 최선책은 없던 일로 하고 조던과 작별의 악수를 하고 자리를 뜨는 것이다. 차선책은 1점 내기, 즉 딱 한 번씩 던져서 승부를 내는 것이다. 세상에는 가끔씩 기적이 일어난다. 바로 그걸 이용하는 거다. 내가 슛했을 때 공이 내게 친절을 베풀어 골대 안으로 빨려 들어가고, 반면 조던은 슛에 실패할 가능성을 노리는 거다. (누구나 땡잡는 일이 있기 마련이다.)

내가 2점 내기나 3점 내기를 선택하면 내기 이길 가능성은 땅이 꺼

지듯 떨어진다. 베팅 횟수(여기서는 슈팅 횟수)가 늘어나면 나는 필패한다. 세상에는 '대수大數의 법칙law of large numbers, 시행 횟수 또는 관찰 횟수가 많아질수록 결과가 기댓값에 가까워지는 경향'이라는 것이 있다. 장기적으로 가면 결국에는 일이 예상대로 된다는 법칙이다. 하지만 한판승부로 가면 무적의 마이클 조던을 농구로 이기는 기적을 적어도 꿈꿀 수는 있다. 꿈꾸는 것은 자유니까.

다시 카지노 문제로 돌아가 보자. 룰렛 회전판에는 0이 포함되어 있다는 것을 잊지 말자. 0(싱글제로)와 00(더블제로)는 일명 '카지노 넘버'다. 공이 0 또는 00에 낙착하면 거기에 베팅한 사람을 빼고는 모두가 패한다. 이 카지노 넘버의 존재가 게임이 시작되기도 전에 이미 운명의 저울을 카지노에 유리한 방향으로 틀어놓았다. 이 게임은 애초부터 불공평한 (내게 불리한) 게임이다. 질적인 차이를 논하자면, 카지노를 상대로 도박을 하는 것은 마이클 조던을 상대로 농구를 하는 것과 맞먹는다. 카지노(딜러)는 나보다 엄청나게 유리한 고지에 있는 선수다. 따라서 내 입장에서는 베팅 횟수를 죽어라 최소화하는 것이 바람직하다. 길게 가봐야 결국은 언제나 카지노가 이기게 되어 있기 때문이다.

카지노 전문가들이나 합리적 수학자들은 이런 질문을 던질 수 있다. 같은 상황에서 이런 방식을 쓰면 어떨까? 가진 돈이 4달러일 때 첫판에 일단 1달러를 건다. 첫판에서 이기면 밑천이 5달러가 된다. 다음 판에 이 5달러를 모두 건다. 첫판에서 지면 밑천이 3달러로 깎인다. 다음 판부터는 앞서 설명한 '과감한 게임' 전략을 쓴다. 이 전략을 쓰는 게 나을까, 처음부터 과감한 전략을 쓰는 게 나을까? 답은 이렇다. 둘 다 승률은 같다. 중요한 문제는 아니다. 전문가들만을 위한 첨언이었다.

반대로 돈을 따는 것이 목적이 아니라 궁전 같은 카지노에서 한때나마 꿈같은 시간을 보내는 것이 목적이라면 과감한 게임은 최적의 전략이 못 된다. 게임 한 판 만에 카지노 경비원들이 나타나 나가는 문을 알려줄 가능성도 동시에 극대화되는 전략이기 때문이다. 카지노에서 시간을 보내는 것이 궁극적 목표일 때는 신중하고 조심스러운 플레이를 권한다. 한 번에 1달러씩만 걸고 사이사이에 긴 휴식시간을 갖는 거다. 모양 나는 전략은 아니지만 어차피 잃을, 적은 돈으로 되도록 오래 즐기는 데는 아주 효과적인 전략이다.

영국 정치가 데이비드 로이드 조지David Lloyd George, 1863~1945가 했다는 말로 이번 장의 요약을 대신하고자 한다. "절벽 사이를 두 번에 나누어 뛰는 것만큼 위험한 짓도 없다."

게임이론 가이드라인

게임이론은 합리적인 선수들 사이의 상호성을 공식화하는 학문이다. 이때 각 선수의 목표는 본인의 이득 최대화라고 전제한다. 이득은 돈, 명예, 고객, 페이스북의 '좋아요', 체면 등 상황에 따라 여러 형태를 취한다. 선수의 단위도 다양하다. 친구, 적, 정당, 국가 등, 다른 개체와 상호작용이 가능한 개체라면 모두 해당된다.

선수들은 결정을 내리기 전에 다른 선수들도 대개는 본인만큼 영리하고 이기적이라는 전제를 깔고 생각해야 한다.

협상에 임할 때는 세 가지에 유념해야 한다. 첫째, 아무런 합의 없이 회담이 결렬될 가능성을 참작해야 한다. 둘째, 게임이 일회성으로 끝나지 않고 반복될 수 있다는 것을 알아야 한다. 셋째, 자신의 노선과 마지노선에 깊은 믿음을 가지고 그것을 고수해야 한다.

비이성적인 상대와 이성적으로 맞서는 것은 종종 비이성적이다. 비이성적인 상대와 비이성적으로 맞서는 것은 종종 이성적이다.

상대의 입장에서 생각하며 상대가 어떻게 나올지 최대한 궁리하

자. 하지만 결국 나는 상대가 아니므로 상대가 정확히 어떤 자극에 어떻게 반응할지 아는 것을 불가능하다. 상대의 행동과 그 이유를 완전히 통제할 수도 파악할 수도 없다.

설명하기는 쉬워도 예측은 어렵다는 것을 명심하자. 상황은 십중팔구 생각보다 그리고 겉보기보다 복잡하다. 이 문장도 이해했다고 이해한 건 아니다.

인간의 명예심과 자존심이 큰 변수가 된다. 그뿐 아니다. 부당함을 받아들이기 싫어하는 인간의 본성도 항상 염두에 두어야 한다.

조심하자! 게임의 수학적 해법을 너무 믿지 말자. 수학적 해법은 질투심(친구가 성공할 때마다 나는 조금씩 죽어간다는 유명한 말도 있다), 모욕감, 샤덴프로이데, 자존심, 도덕적 분개심 같은 중요한 감정들과 그것들이 만드는 변수를 간과하기 일쑤다.

동기부여가 전략적 스킬을 강화한다.

어떤 결정이 됐든 의사결정을 하기 전에, 만약 모두가 나처럼 생각한다면 일이 어떻게 될지 한 번쯤 자문해보자. 동시에 모두가 나처럼 생각하지는 않는다는 사실 또한 기억하자.

가끔은 '모르는 게 약'이다. 가장 아는 것이 없는 선수가 극도로 영리하고 상황 파악력이 뛰어난 선수들과 경쟁하면서 가장 많은 이득을 보는 경우가 없지 않다.

선수들이 각자 자신에게 가장 유리한 선택을 하고 자신의 행동이 다른 선수들에게 미칠 영향에 대해서는 하등 관심이 없다면 그 결과는 모두에게 재앙이 될 수도 있다. 이기적 행동은 도덕적으로 문제일 뿐만 아니라, 때로 어리석은 전략으로 드러난다. 선택지가 많을수록 좋다는 통념과 달리, 선택의 수를 줄여나가는 것이 결과의 질을 높일 때가 많다.

사람들은 '미래의 그림자'가 드리울 때 협력하는 경향이 있다. 즉 나중에 같은 상대, 같은 상황을 다시 만날 가능성이 높을 때 사람은 생각하는 방식을 바꾼다. 지속적으로 반복 시행되는 게임 상황에 처하면 다음의 전략에 따른다. 신사적으로 나간다. 절대 먼저 배신하는 쪽이 되지 않는다. 하지만 상대의 배신에는 항상 분명하게 반응한다. 맹목적 낙관주의의 함정을 피한다. 필요시에는 아량을 베푼다. 상대가 배신을 멈추면 나도 배신을 멈춘다.

이 말을 유념하자. '사람이든 국가든 일단 가진 패를 모두 소진해야 비로소 현명하게 행동한다. 이것이 역사의 가르침이다.'

해당 게임에서 특정 조치나 행동이 만드는 성공과 실패의 배열과 조합을 여러모로 연구해야 한다. 인생에서 정직이 또는 표리부동이 어떤 결과로 이어지는지, 그리고 신뢰에 따른 위험은 무엇인지 깨우치자.

목표가 단순히 이기는 것이라면, 괜히 머리를 이리저리 돌리고 상황을 복잡하게 풀면서 곁길로 빠지지 말자. 윈스턴 처칠도 말했다. "전략이 아무리 아름답다 해도 가끔은 결과에 신경 써야 한다."

경제적/전략적 사고에 목매지 말자. 때로는 상대를 그냥 믿어주는 것도 합리적인 방책이다.

정직, 청렴, 신뢰, 배려 같은 도덕적 자질은 견실한 경제와 건전한 사회를 이루는 필수조건이다. 하지만 우리 사회의 정치 지도자들과 경제정책 입안자들이 과연 이런 자질들을 갖춘 사람들인가는 생각해 봐야 한다. 이런 자질들이 정치싸움에서 어떤 장점도 되지 못한다는 현실이 슬플 뿐이다.

게임에서 내가 '불리한' 입장에 있을 때는 되도록 게임의 횟수를 줄여야 한다. 약자에게는 한판승이 가장 승산이 높다.

위험을 회피하려 애쓰는 것은 굉장히 위험한 행동이다.

01

Gneezy, Uri; Haruvy, Ernan; Yafe, Hadas (April 2004), 'The inefficiency of splitting the bill', *The Economic Journal* 114 (495): 265–280

02

Aumann, Robert, *The Blackmailer Paradox: Game Theory and Negotiations with Arab Countries*. Originally published: July 3, 2010 AISH.COM

03

Camerer, Colin, *Behavioral Game Theory: Experiments in Strategic Interaction* (The Roundtable Series in Behavioral Economics), Princeton University Press (March 17, 2003)

04

Davis, Morton, *Game Theory: A Nontechnical Introduction*, Dover Publications (reprint edition July 1, 1997)

05

Gale, D; Shapley, L S (1962), 'College admissions and the stability of marriage', *American Mathematical Monthly* 69: 9–14

막간극 : 검투사 게임

Kaminsky, K S; Luks, E M; and Nelson, P I (1984), 'Strategy, nontransitive dominance and the exponential distribution', *Austral J Statist* 26: 111–118

06 & 09

Poundstone, William, *Prisoner's Dilemma*, Anchor (reprint edition January 1, 1993)

07

Sigmund, Karl, *The Calculus of Selfishness* (Princeton Series in Theoretical and Computational Biology), Princeton University Press (1st edition January 24, 2010)

막간극 : 까마귀 역설

Hempel, C.G. (1945), 'Studies in the logic of confirmation', *Mind*, 54: 1–26

08

Milgrom, Paul, *Putting Auction Theory to Work* (Churchill Lectures in Economics), Cambridge University Press (1st edition January 12, 2004)

10

Huff, Darrell, *How to Lie with Statistics*, W W Norton & Company (reissue edition October 17, 1993)

11

Morin, David J, *Probability: For the Enthusiastic Beginner*, Create Space Independent Publishing Platform (1 edition April 3, 2016)

12

Littlechild, S C; Owen, G (1973), 'A Simple Expression for the Shapely Value in a Special Case', *Management Science* 20 (3): 370–372

13

Basu, Kaushik, 'The Traveler's Dilemma', *Scientific American*, June 2007

14

Dubins, Lester E; Savage, Leonard J, *How to Gamble If You Must: Inequalities for Stochastic Processes* Dover Publications (reprint edition August 20, 2014)

Karlin, Anna R; Peres, Yuval, 'Game Theory Alive', *American Mathematical Society* (2017)

사진출처

© shutterstock, 11p

© Gabriel Saldana/Flickr, 63p

© Google image, 72p

© Leon Benjamin/flickr, 110p

© shutterstock, 123p

© www.sothebys.com, 145p

© Google image, 162p

© shutterstock, 192p

© shutterstock, 218p

*게재 허락을 받지 못한 일부 사진에 대해서는 저작권자가 확인하는 대로 허락

을 받고 사용료를 지급하도록 하겠습니다.

n분의 1의
함정

—

1판 1쇄 인쇄 2026년 1월 2일
1판 1쇄 발행 2026년 1월 20일

—

지은이 하임 샤피라
옮긴이 이재경

—

펴낸이 백성빈
펴낸곳 반니출판
주소 서울 서초구 서초중앙로 69 806호
전화 02-6204-0491
전자우편 banni@banni.co.kr
출판등록 2025년 10월 13일 (제2025-000266호)

—

ISBN 979-11-996528-2-8 03400

—

책값은 뒤표지에 있습니다.
잘못된 책은 구입하신 곳에서 교환해드립니다.